中国近代伦理学文献丛刊

李义天 张远航◎主编

第四部分·第七册

中央编译出版社
Central Compilation & Translation Press

出版说明

中国近代伦理学文献丛刊共计收录中国近现代伦理学文献三十二种，分作四辑，每辑所收文献按当时出版时序排列。本次整理，皆按底本影印，以存文献版本旧貌。底本原文或有舛错，本次整理未予订正，如伦理学（斯宾挪莎著，伍光建译）第一册第十一题目录作『神或本质原为无限属性所备造而成者而每一个属性则是发表永恒及无限然则神或本质要素者是必然有者』，但正文却为『神或本质原为无限属性所备造而成者而每一个属性则是发表永恒及无限然不神或本质要素者是必然有者』，虽神与不神仅一字之差，但意迥然不同；又如日本元良勇次郎著伦理学第二十四章目录作『纳税兵役之义务』，而正文却为『国家伦理　纳税与兵役之义务』，差异明显。此外，底本皆为繁体中文，本次整理，唯前言、目录及书眉等整理文字，为适宜今人阅读，皆作简体中文。特此说明。

前言

李义天

中国有着悠久的伦理文化传统与伦理思想传统。自先秦、经汉唐、至明清，前人先贤围绕善恶、是非、义利、廉耻等问题展开的讨论及其形成的知识成果，为我们留下了丰厚的文化遗产与思想资源。在这个意义上，作为一门学问的伦理学，在中华学术谱系中始终存在。然而，作为一门学科的伦理学，对于中国学术来说，却是一件近代以来才发生的事情。

学问的确立可以是学者个人的成就，但学科的确立却与学术制度的转型、学术形态的自觉，以及学术背景的更替密切相关。这些方面都必须在近代中国社会的语境中得到理解。具体而言：

其一，作为一门学科的伦理学，奠基于近代教育制度和教育体系的发展。正是在近代教育制度和教育体系（尤其是大学教育体系）的『学科化』进程中，细密的学科划分逐渐形成，清晰的学科意识逐渐确立。由此，学者对知识的探讨，不再意味着单纯的研究，而是建制上的学科建设。对近代中国学人而言，『伦理学』概念的出现以及学科的形成，正是近代中国在文明碰撞之间吸纳、改造近代教育体系及其学术制度的现实产物。

其二，作为一门学科的伦理学，不仅需要具备专门的研究题材与研究方法，更要有针对这些题材与方法的自觉总结和反思。因此，仅仅探讨有关善恶的问题、论证关乎善恶的要求，或许能够形成伦理学学问的主要框架，但不足以构成伦理学学科的完整内容。作为学科的伦理学，还必须在探讨和论证具体命题的基础上，对其背后的理由与方法加以提炼与批判。要做到这一点，则必须梳理、评析已有的观点与路径。在这个意义上，近代中国学人对伦理学方法论和伦理学思想史的研究自觉，乃是这门学科在近代中国初步成型的必要条件。

其三，作为一门学科的伦理学，无论是涉及教育体系与知识门类的『学科化』，还是涉及研究方法与思想历程的『自觉化』，都必须置于中国与世界交往的近代语境中来理解。在『作为学问的伦理学』向『作为学科的伦理学』的转变过程中，近代中国学人对西方伦理史籍的大规模翻译、对当时国外学界新近文献（尤其是思想史著作）的批评性介绍，以及他们立足本土而展开的系统阐释与重构，无疑是最重要的内在动力。这些动力及其带来的转变，恰恰是在近代中国的特定历史背景下，作为一系列近代事件而发生的。

因此，要理解作为一门学科的伦理学在中国的起步与发展，就必须对近代中国伦理学的理论实践加以关注。其中，最为基础的一项工作便是对当时研究和译介的基本文献进行搜集、整理与汇编。可以说，只有做好这项工作，我们才能印证中国伦理学学科所具有的近代性质，才能描述中国传统伦理思想向现代人文学科范式的转变过程，才能理解过去一百五十年间中国伦理学发展的曲折与波动，也才能帮助我们在此基础上推进当代中国伦理学的学术研究与学科建设。作为历史资料，这些近代文献对于直面历史、正视历史并希望能从历史中汲取经验的每一位伦理学人来说，都是无法忽视和规避的。

基于上述考虑，我们从二十世纪上半叶的相关文献材料中，择取了三十余部作品，分作四辑，每辑依其出版年序加以汇编整理。根据题材类型，它们大致被分为四类：

（一）史籍类。主要包括近代中国学人对西方伦理思想若干重要文献的翻译作品。它们可以映射出，当时的中国伦理学人在面向西方伦理思想时所采取的关注视角与选择范围。

（二）史论类。主要包括当时具有一定影响的伦理思想史研究著作。就内容主题而言，其中既有关于西方伦理思想史的研究，也有关于中国伦理思想史的研究；就出版类型而言，既有中国学者的原创研究，也有对同时期外国学者的成果译介。它们可以展示出，当时的中国伦理学人所接受的伦理思想史框架及其主要线索。

（三）著述类。主要包括近代中国学人对伦理学基本问题的思考和阐发。其中不仅含有一些导论性、概论性作品，也涉及一些基于特定立场或针对特定领域的研究专著。它们可以反映出，当时的中国伦理学人对伦理学整体或其分支的基本判断和理解深度。

（四）讲稿类。主要包括当时使用的若干伦理学讲义或教材。同样地，这一部分也是既包括中国学者或教育者的作品，也包括当时翻译过来作为教材或教学资料使用的文本。它们可以体现出，当时的中国伦理学学科教育所涉及的大致范围和程度。

值得特别强调的是，作为近代中国的思想文献，其在内容和表述上不可避免地存在这样或那样的历史局限。如今看来，其中有些说法和论证并不恰当甚或错误。但是，这也恰好体现了伦理学作为一门人文学科所无法摆脱的历史性与经验性，也再次证明了唯物史观关于道德学说在根本上受制于社会发展这一判断的有效性与正确性。因此，基于对历史事实的尊重，我们最大限度地将这些文献循其原貌，汇编成册，影印出版。我们期待，当代学人不仅能够抱着历史的眼光去认真地观察和理解它们，更能抱着历史的眼光去严肃地批判与剖析它们。只有这样，当代中国的伦理学研究才更可能去粗取精、去伪存真，也才更可能自成一体，贯通古今，奔向未来。

壬寅春于清华园

初級倫理學

初級倫理學 目錄

初級倫理學 ETHICS FOR YOUNG PEOPLE

著者 C. C. Everett
譯者 楊 解 塵

第一章　倫理學與他學科之關係（一）

倫理學乃道德科學也。於此，所謂科學者意即研究任何學科有系統之方法云爾。

倫理學之所以稱爲科學者，因其論列道德之原理均依一定之方式，並考究諸原理之基礎故也。

以倫理學與他科學一比較之，其性質更可得而明焉。

科學有三種：

第一爲研究事實之諸科學，此類科學研究一切事實相互之關係及支配事實之一切法則。普通所謂科學者即指此類科學而言。

此類科學必須討論過去，將來及現在之一切事實。地質學描寫古代地球之情形，天文學描寫諸星球之情形。天文學家詳細推算，可以預告諸行星將來任何時刻之位置；地質學家可以預告地球之將來，惟對於時間不能十分確鑿耳。

關於此類科學物無巨細，祗可表示一件普遍法則之作用者即爲緊要。昆蟲，空中之塵埃，任何事物均可作研究之材料。

例如，田雞對於吾人之知識上，其供獻之大幾爲吾人所不能信。田雞之足蹼至薄，至爲透明；以顯微鏡觀之，即可見其中血液之流動。且非僅能見其作流質之流動而已，倘可窺見許多圓狀物體隨物運行，一如圓餅形之冰塊隨暴漲之河流而飄浮也者。藉此方法研究解剖學之學生能於最短之時間對於血液循環上獲得較多之知識。不惟此也，且事物多有非目視不得豁然者；例如，諸生於書本上或已講授海馬一物，但一覩眞海馬方可感覺眞知海馬也。

田雞不僅爲教授而已且爲發明家也。如使田雞之足發炎，其中血液之變化對於炎症性質上之供獻實爲吾人以前所無由得知者。

由於田雞始發明流電學。意人戛爾文尼（Galvani）見一準備解剖之死蛙，其足於相當情形之下遽而痙攣。由此觀察，隨引起考究及試驗，於是流電學即因之而發明。

此外，祇關於神經系一層，由田雞所得之知識，恐非一本書不足以道其詳。常見幼童殺害田雞。望諸生欲以石擊殺田雞之時，一想自己將來能對人類有所供獻一如此田雞否。

諸生或知富蘭克林（Franklin）何以於雷電之天空放風箏而發明閃電爲電氣之一種形式。余所以與諸生講論此類事物者，欲諸生明瞭任何細物亦與科學有莫大之關係也。

幼年男女均宜學習一種科學，以便對於一石，一花或其他之自然物能得到了解，能感覺興味。然後，始可觸目是書，無往非學。且將發見千百種科學所絕不能見之事物也。

予再爲伸說，普通之所謂科學者乃研究一切事實之學也，而一切事實即其重要材料也。

第二章 倫理學與他學科之關係(一)

第二爲研究方法之諸科學，方法云者即令吾人可以遂的之方法也。

健康爲世界上所最欲之一事，於是即有一種科學稱之曰衛生學，專研究保持健康之方法。

國家之健康較之國民之健康或更爲重要；於是又有政治經濟科學以指導國家與隆所依恃之情形。

質而言之，凡吾人所欲爲者無不有科學，亦不可不有科學。有音樂科學，有繪畫科學，即棒球亦有科學，譬如發球者一定令球運行之曲線恰至對方接球之時即變其方向以挫之，亦可謂科學上有趣味之一種探討也。

如方法之反復練習較之方法本身尤為重要之時，此種研究即稱之曰藝術，所以關於演說，繪畫，以及一切吾人欲為之事務莫不有科學，莫不有藝術

如欲精通一事，必須於此科學上或藝術上再加以『熟練』不可。『熟練』云者即有常識之技能之謂也。研究醫學者或可認識一切病症，通曉一切治法，但其初見瘢疹之時幾何其不疑為天花也，幼童初學打球之時，球無定向，既而自己仍認為一如從前之所為，而球竟隨意焉。

凡以能令人遂的之條件教人者統謂之方法科學。

又有一種科學乃論列吾人所願之目的者。此即所謂倫理學之科學也。

例如，有人欲其所業有成。其學問，修養均足以當之。彼盡其方法以求其成功，不惜腦力，不惜血汗以求達此目的。彼固當如是，吾人敬服其手段與其勤苦及專

氣。然有一種方法爲彼絕不可用者，卽不顧人格而作任何之欺騙行爲是也。彼可望富且可求之；然彼更須望榮譽及忠實且更須求之也。此乃道德上一種不易之目的，對於任何事務亦絕不可犧牲者。

總之，所謂第一類之科學必須討論事實，第二類之科學必須討論令吾人遂的之方法，而倫理學必須討論目的之本身。

所以，倫理學乃生活科學也；非健康長壽之謂，因健康長壽乃衛生學範圍以內之事；然則生活云者爲得當之生活或有價值之生活耳。

第三章　各科學與實在之關係

事實科學將吾人對於宇宙之思想業已大爲變化，古代之人以地球靜止不動而太陽圍之旋轉。彼不知氣之爲用，吾人認爲平常之事物多爲彼等所不知，直可謂現今學童之所知者較之古時最聰明人之所知者亦多。

此種科學未嘗變化宇宙，祇對於宇宙有所發明耳。彼所討論之事實及法則今昔如一，古人知與不知無關也。

例如，人同地球係圍太陽而旋轉，而古人竟認爲太陽及恆星圍彼等而旋轉。古時雖未以電氣工作，而彼時電氣之活動一如現代。宇宙之法則未嘗稍變；祇吾人對於其法則之認識有變化耳。

當然宇宙間尚有無數法則爲吾人所不知，無數原素爲吾人所不曉；所以將來之人其知識必較吾人之知識更爲豐富，一如吾人之勝於古人也。

然則，吾人正藉科學之力逐漸學習認識宇宙之爲物耳。其變化不在宇宙，乃在吾人也。

方法科學及由方法科學產生之藝術實已變化宇宙矣。此種變化宇宙之能力即爲方法科學與事實科學大不相同之點。試看現今一切之城市，一切之鐵路，及一切發明之器具，均由吾人逐漸以自己所謂至善之方法得達其所願之目的故也。

吾人永未變使用至善之方法也；祇用自己以爲至善者而已。

至善之方法，永爲至善之方法，在未發明以前或在已經使用之後，均於其得爲至善無碍也。野蠻時代之人以二木相摩以取火。此於彼等即爲至善之方法，因其不知尙有他方法也。然此究不得謂之爲至善之方法，因摩擦火柴較此爲善，惜彼等不能發明火柴耳。即城市汚穢以致病災，而衛生學之法則未嘗變也。即有不良之法律，不良之習慣，而政治經濟之原理未嘗變也。

目的科學亦變化宇宙不少。古代之人較現代之人大爲殘忍，除自己之朋友外幾不知有人。強有力者常掠奪弱者之財物，或奴隸弱者。他人之生活如何在所不顧也。今日世界之上，相助之事較昔爲多，殘忍之舉較昔爲少。爲救濟殘疾而奔忙者頗不乏人。今日雖仍有許多殘忍及自私之事，但爲他心已免去生活上無數之不幸矣。吾人現在能如是之舒服而快活者，因先我而生者有許多不自私之人也。

正當行爲之法則亦始終不變者，人知之否，遵守否無關也。

目的科學與他種科學仍有別焉，即是吾人不僅必須認識何者爲正當，且必須立意行之也。設確欲完成一事且有至善之方法以賚之，鮮有不爲者。然關於道德上之事則反是，人或知何者爲正當，但仍不欲爲之也。

如有人不知何者爲正當，則不可以正當之行爲期之，亦不可因其爲不正當之行爲而責之。友愛之生活固永爲合乎眞理之生活，但古時之野蠻人不學此種生活不可厚非之也，因其於殘忍之生活外不知尚有其他生活之道也。

道德科學一如事實科學，尋求實際而已。彼不創造正當之法則，尋求法則而已。正當法則不增長。彼無時不存在，其存在一如支配行星運行之法則。

未來之人將以吾人爲野蠻，猶今之視昔也。此非因正當之法則將變，乃因人將尋得較多之正當法則，將更願施行彼等之所見耳。

第四章　倫理學爲處世之道

此倫理學（Ethics）一字源於希臘字（'Hθος），其意義即習慣或風俗。此道德（Morality）一字源於拉丁字（Mores），其義亦爲習慣或風俗。然則此二字之意義顯係相習成風之事務也。於此，所謂風俗習慣者約非指一族之習俗而言，多係指男女兩方面之習俗而言也。

凡人均有一種處世之道較爲所慣者。關於熟識之人，吾人對其處世之道必有相當之觀念，一如對其面貌焉。吾人可預知其如何。孰爲可恃，孰不可恃；某生將爲粗野人，某生將爲斯文人；某生將習其所學，某生則否；某人將作不正當之事，某人則否；吾均得而知之。關於相知者之傳言有時爲吾人所不信者。必曰，『此非彼之所爲，彼決不如是。』有時吾人判斷小說中人物亦猶是也；『此不似某某；著者或誤乎。』此『處世之道』就人之所事所好而觀之，乃顯而易見者也。有好遊戲勝於好讀書之學生。有好讀書兼好遊戲之學生。有或好讀書不好遊戲，或好遊戲不好讀書者。仍有祇愛懶惰，亦不好讀書亦不好遊戲者。

人之嗜好之不同有非吾人之所能見者，絕非如以上所述之簡單也。吾人不能描寫一人之『道』較描寫其面貌尤爲淸晰，但認識其『道』一如認識其面焉：彼之面貌及其『道』合而爲一即爲吾人對彼之認識也。

吾人欲與某人攜手或不欲與某人合作者祇因其『道』之不同耳。互爲朋友者其『道』必同，即或不同亦必氣味相投矣。

有欲進其『道』者，於是則爲較正之人或較合適之人。此等人常稱謂『修道』者。

對人之失當或自私，吾人常曰，『噫，彼固如是。』此乃最無意義，最足敗事之言也。

倫理學（Ethics）一字其初雖僅指習俗而言，但不久即變爲處身至善之道之學；即人所至願之目的及處身至善之方法之學也。

第五章　習俗之倫理學

歷來個人生活之方式即受其所在社會之影響。即吾人今日之生活亦鮮不爲其四圍之生活所左右者。

古時，俗例爲道德上惟一之標準。照例之事均認爲正當，且常信爲係根據於神權者。所以彼時生活上大半之行爲乃取决於習俗。不得取决於習俗者，個人則任意爲之。

有許多不合理之事在往昔習俗上認爲正當者，且有時竟强制施行。是以古時有處死老年之事，非及島人（Fiji Islanders）且有强制施行此事之習俗；棄兒，殺兒均爲習俗所不禁。羅馬之爲父者對於其兒可養育之，可不養育之，均聽其所願。彼對於全家之人有生殺之權。畜奴亦嘗認爲正當之事，且有時極爲殘忍。即今日如有異邦之人深入非洲野人所居之地，吾知其必有性命之憂。此等野人不以殺害異域之人爲非理，亦不以保護異域之人爲應分。殺與不殺均以當時之感情爲斷。

然則習俗之道德於其所强制及其所許可之行爲上觀之，均爲一種有瑕疵之道德也。

然而，習俗之道德對於世界亦不無功績可言。代代賢哲之習慣在各方面進步不少，此種較優之習俗有使人進步之傾向，於是即演出更爲較優之習俗。

假設關於吾人之一切行爲，世界上均無例可循，吾人必須自求其道；當然吾人將劣於吾人現在之爲人。例如，若吾人均不知殺人掠物爲不正當之事，必須學而後始能知之；恐吾人決不能如現在學之之爲易也。

現在，有許多人，認爲除去其所在社會上習俗之標準外，道德無標準者。於此點觀之，彼等與古時未開化之人無異也；祇其所遵守之習俗較諸未開化之人所遵守者大半爲優耳。

現在之習俗乃先我而生者之產物。彼等生活之方法即變爲吾人社會上之習俗矣。

此種習俗因地而異，即一城之中亦有不同。判斷大多數人之行爲者惟此適中之習俗而已。

適中之習俗可謂處世之一種方式，猶吾人衣服之樣式也。例如，婦人常云，『本季衣服之樣式如何？』

習俗上最低最劣之道德方式有句俗語恰足以表現之。此語即『入鄉隨鄉（When we are in Rome we must do as the Romnas do）。』其意即求與人同，不必求優於人也。

人皆如是，世界將無進步之日矣；因世界之所以進步者全賴各代賢於他人之人將一般生活之平面逐漸提高故也。假設人皆嚴守此句俗語而行，將無英豪矣，因英豪較他人爲勇敢，爲高倘，與衆不同。

如有男女學生不問是非，專學他人者，必不能成爲大器。然而，老者少者正多如是。

但有許多不良善之人爲其所在社會上習俗之道德所拘束不至變爲更劣者。然則此種道德對於世界上雖無他長，亦常維持世界不至陷於更乖戾之情形矣。吾人亦常藉以維持社會之原狀也。

吾人之行爲至少亦須與所在社會上之適中道德相符，此乃一種好習慣也。惟此乃最低之標準。吾人應有較高之標準以便進益。果如是，則現今社會上之沉湎，失德，欺詐，淫邪等等劣行均在避免之列。

第六章　習俗倫理學之弱點

根據習俗之道德固勝於無，但其弱點正多。據吾人之所見，此種道德僅表現一時或一地之適中道德耳。所以賢者之感化於此種道德上乃爲不可見之事；即有之，亦祇可間接影響於將來之習俗而已。其道德根據於習俗之人不顧賢者將何以爲之，祇問一般人將何以爲之也；常聞人白，『人將何如？』，此語乃最足以表現此種心理者。

根據習俗之道德不確定。習俗因地而異；據吾人之所見，即一地各界之習俗亦互爲不同。除幾項大錯及犯罪爲此適中之道德所禁止者外，對於其他事由之判斷幾無準則可言，直令以習俗爲準則之人無所適從也。

且有祇知自己一派之習俗而隨以其習俗爲標準以判斷大衆者。例如，法國大革命以前，法國貴族則以彼等是非之標準爲全國人民之標準。彼等壓迫人民至爲殘酷；但革命一起，彼等對於衆怒即束手無策矣。政治家之於政事也亦常有淺見，且自爲足以爲國人之標準政見者；實則，君子恥之。有多種職業，其營業之方法有違背誠實之原理者，然此等方法竟普遍全世界焉。校內常有一種輿情與校外不同；即一群學生之中亦常有一種輿情又與全校之輿情不同。然則，道德之認識不亦難乎？

根據習俗之道德常變動。當自此界轉入彼界，或自此地移居彼地之時，其人之道德輒隨其環境而改變。有許多人在風紀良好之社會時，其生活至爲可敬；但一涉不良善之社會，其人格即大爲墜落。學生離開家庭初入學校之時，常發見校內思想及行爲之標準有與在家之時大相懸殊者。以前之認爲錯誤者今竟認爲正當，或僅認爲不十分合適而已。將來離開學校涉足社會之時亦猶是也。

根據習俗之道德在實際上不關於實行此道德之人。例如，同良善之人爲鄰即爲良善，同不良善之人爲鄰即爲不良善；忠實與否全視其四圍之人之習俗以爲斷；思想之高超或卑鄙純以他人之思想以爲準，此即彼自身無道德之爲物也。即有時似爲有道德者，亦機會使然耳。

與人苟同者猶破舵之舟也；隨波逐浪，毫無定向，與水上之浮萍何以異乎？此乃絕無價值之生活。人皆須有道德之目的，緊握其生命之舵奔向此的；絕不可持身如飄萍也。

凡此均係表示道德原理之爲緊要者。道德原理不因人因地而異，不祇屬於個人之環境，且可屬於個人之自身也。

第七章　道德原理

原理即思想或處世之出發點。

各科學均有種種原理爲其出發點。在幾何學上，其基本原理稱曰公理。如欲表示幾何學上一條命題之爲正確，必須證明此題與毫無可疑之某一公理或某數公理相符合而後可。

猶如有人迷於樹林，不知應行之路，如能尋出歸路，或能重新想得大概應走之方向，彼始可得較有希望之出路。

道德原理於人生之行爲上即供給此等出發點者。

吾人欲有所爲所言之時，常問，『對否？』『妥善否？』『公道否？』『合理否？』如此等言語即表現其所爲所言之原理，其答必係指示彼應當如何。

於道德上，人非僅懷正當之原理，且有懷不正當之原理者。

有祇營求自己之利益者，至於所用之方法正當與否不顧也。類是之人即爲懷不正當原理者。無論關於何事，彼祇云『有利否？』其行爲即以之爲準。如曰，『此不正當，』『此不合理，』或者，『此不忠實，』皆不足動其心；因正當，合理，忠實均非其行爲之原理也。

有稱爲無原理之人者。意即彼有不善之原理也。

有因行爲無定，似無原理者。即在同樣情形之下，時而談吐粗澁，時而談吐悅人。有時竟似寬大，有時確係自私；有時可謂誠實，有時不免虛僞。於是即似毫無原理之人。然而，隨時任情應付或即其原理也。此乃自私之表現，謂自私爲彼之原理固無不可。風標常以比無主見，彼常變方向，固似爲不穩固之模範。然彼非無主見者也。彼於風無時不忠，所以在彼與風之關係上，彼固係最穩固者。然則，性情無常之人，對於其任情應付之行爲，謂之爲忠實不欺者有何所不可？

世人常不自知其行爲所據之原理爲何。自私之人，即對其自己，亦常不承認其祗知有己不知有人之原理。極少數之人肯承認其原理爲人如何便如何者。

如能自知其行爲之原理，於自己乃爲有益之事，何則？如見其爲卑鄙不堪之原理，或即以爲恥而棄之也。

人多明於觀人，暗於觀己。吾人觀人恰如觀一植物，由其枝葉花果即可知其性也。如有根據其自己之眞正原理而行者，吾人固可按其果而推知其人也。

吝嗇之人絕無寬大之原理。說謊者言而無信。如以事求之，則表示不耐者，彼即非心肯意肯，決非以助人爲原理者也。

由關於他人之旁觀之，此種情形至爲明瞭。關於自己之事，如能設身處旁觀之地位而觀之，亦可發見自己之原理。此乃有益之事也。

人無鮮明之正當原理者，其行爲輒根據於不正當之原理。爲己易於爲人，從衆易於矯衆，對正道如無決心則易流於邪途也。

學生犯過時，常云，「我非故意如此。」一如師長問曰，「汝故意不如此乎？」彼必然語塞。吾人因故意犯過所犯之過少，因無不犯過之決心所犯之過多；此即，由於無善原理所犯之過多，由於故意抱定任何不善原理所犯之過少也。

對於善原理，無堅定之抱負而得惡果者，本尼狄克阿訥爾德*（Benedict Arnold）之一生乃一極顯明之例也。約翰斐司克先生（Mr. John Fiske）在說明其叛逆之事迹之後，評之曰，「於昔爲善之時，彼嘗表示其寬宏之天性。於撒爾透格（Saratoga）之戰場上，有一忠勇之兵士，曾鎗擊其身且傷其股，而彼反救之。以如此寬宏之人後覺賣國。天下事倘有矛盾如是者乎？此種情形惟於受衝動支配，不受原理支配之人之行爲上有時見之；因此類人之德行於平日雖未見其不眞實，但遇有緩急固易於變節也。」

（＊）約翰斐司克（John Fiske）所著之「The American Revolution，」第二卷二百七十頁。

第八章　習俗倫理學之崩潰

古時道德之規條與俗例原無若何之區別，吾人已知之矣。惟久而久之，人類之習慣大爲紊亂，而俗例隨不足復爲人生之標準。

此種崩潰之發見，半由人事日繁，習俗分歧，致人無所適從，半由遷徙之事實。此地之人移至彼地，常發見其習俗與自己之所慣者不同。

人類此種情形恰與學生離開家庭初入學校，或離開學校初入社會之時所發覺生活不同之情形相同。當此情形在人類歷史上發生之時，此時之人勢不得不斟酌何者而可；必有考究何者爲眞對，何者爲眞錯者，决不貿然從俗也。

在希臘史上，關於習俗道德之崩潰有一確切之記載。在蘇格拉底（Socrates）個人生活上亦有一明證。

希臘人有數種神託（Oracles），由此神託演出之言語均認爲確鑿可據。於是，應從事於何項歧業耶？遇有難題將何以解决耶？以及應付一切公私之事，隨無不祈答於神託焉。蘇格拉底聲稱彼於其個人生活上有種神權以指導之，尤其對於不當爲之事更特加警告。此即彼自有一神託也。現在吾人有所謂個人獨立之行爲與習俗無關者。但當時蘇格拉底此種行爲在希臘人視之，即認爲引用私人裁判於社會，於是即激動衆怒，遂不顧其美德何若，竟處以死刑。彼惟一之罪狀即引用新神權也。意即彼旣自有神託，其行爲即已脫離國家之習俗；罪固當死。

希臘悲劇對於習俗之法律有極爲驚人之表演。安提岡(Antigone)故事之表演其一也。君主有令，禁止一切人民參加安提岡之兄之葬儀，但參加自己親友之葬儀在希臘人又視爲極神聖之事，而習俗上亦須服從君主。然則，安提岡不能兼顧斯二者，祇可自擇其爲當爲者也。結果，彼參加其兄之葬儀而受違君之罪。

當習俗之威權如此崩潰之時，人將何以辨別是非耶？彼等祇可一如幼年男女初次涉身社會之所爲——社會上之成例習俗互爲不同，與家庭間之成例習俗更相徑庭。彼等祇可發明一定之原理以便賴以生存也。

第九章　伊畢鳩魯派(The Epicureans)

希臘由幼稚而至成熟之時，亦不免遇有問題，一如幼年男女初次涉世所必遇之問題。如能研究希臘人對此等問題之一二解答，不無益焉。

此問題即爲「吾人生活應當遵循之原理爲何？」希臘人所與之解答有甚爲著名

者。

伊畢鳩魯（Epicurus）之解答即一最著者也。彼之解答即係：人生之眞確原理爲得到一切可能之快樂，人應爲求快樂而生活。

依此原理，如有人不知某事當爲或不當爲之時，彼必自問何者能令我獲得較大之快樂。如其所疑者爲說謊，竊物，或助人，彼所疑者當非：「正當否？」必爲：「如此能令我快樂否？」

伊畢鳩魯由此得到一種較優之道德，實屬出人意外之事。彼申明作正當之事之人，通盤計之，乃較作不正當之事之人爲快樂；節慾所得之快樂較放縱所得之快樂爲多，美德勝於惡德，誠實勝於欺詐。然則彼所教人者乃極爲高超之道德也。

然而，以追求快樂爲根據之道德有兩種困難。

第一即是，專爲快樂而生活之人反不若爲他事而生活之人所得之快樂爲多。關於快樂有一極顯然之事實：專以尋求快樂爲事之人往往得不到快樂，反不若不努力快樂之人能得快樂也。

如人以快樂爲主義，彼自然之傾向即以求娛樂爲事矣。但事之令人心勞者無過於專求快慰之事。此類人於生活上亦有照例之事，一如他人；而照例之事永有變爲機械可厭之傾向。娛樂（Amusement）之意乃脱離沈思（muses）之謂也，且有解除生活上繁重事務之意。如無沈思及繁重事務，娛樂即失其特性，失其美質。設有終日游戲不讀書者，而游戲亦將不比讀書爲有趣矣。

第二原因，何以專尋快樂之人反不易得到快樂者乃因彼等僅有其生活之一部能爲快樂而生活也。例如，可以終日游戲之少年爲極少數。大多數者須入學讀書或作他種工作。彼祇注意游戲之子必疲於游戲，且祇可尋快於游戲場；此即，一日之中彼快樂之時間即盡於此。其餘工作之時間即虛度矣，因彼等不愛工作也。而勤讀者其快樂不祇於游戲之時有之，讀書之時亦有之。然則，專愛游戲之少年於一日之内非僅有少量時間之快樂乎？專心讀書者非終日盡爲快樂之時間乎？

第三原因爲專尋快樂者輒不得達其目的之主要原因。此原因即是，因大部之快樂乃由於關心身外之事而得也，由於無我之心及醉心所願爲之事而得也。彼專尋快樂者祇知有己。彼之計畫亦祇及其身。於是，彼即無時能跳出其自己之範圍而涉足於快樂最易獲得之自由場也。

即此可知專尋快樂之人輒不若以他事爲事之人所得之快樂爲多，此乃伊畢鳩魯計畫上之第一困難。

第二困難即是，如令人感覺人生之大目的即爲快樂，人將立即索取其最易最近之快樂。卑鄙與否，無暇計及之矣。

伊畢鳩魯常教人云，「節慾所賜之快樂較縱慾所賜者爲多。」如曰，「我祇知世間最快樂之生活是飲食嬉戲，」彼又將如何？彼教人云，「誠實中之快樂較欺詐中之快樂爲多，」如曰，「我祇知用詐術所得之金錢能使我得到無此金錢所不能得之快樂，」又將如何？吾知彼對於此等卑鄙之輩亦將束手無策矣。

如其人之所以誠實祇因人云誠實爲處世最高之道，此人一念及誠實無報酬之時或即變爲不誠實之人矣。

此伊畢鳩爾（Epicure）一字來自伊畢鳩魯（Epicurus）。現在伊畢鳩魯云者，其意非指古時伊畢鳩魯之爲人也，非如伊畢鳩爾之指人而言也。其意即表示世界已受其學說之影響，伊畢鳩爾將日益加多也。

吾人應尋求快樂，當非虛語；但爲人生之大目的計，吾人須有較之快樂更爲高尚，更爲完善者。

吾人不爲善，不寬厚，不助人，祇因吾人以爲如此或可獲得較多之快樂也。吾人應因其爲善而爲之，因其有益於人而爲之。絕不可以快樂爲指歸而傷爲人之最高目的也。

然吾人對於伊畢鳩魯亦有所得。彼云，祇要尋求快樂，即須於美德中求之；惡德永爲降災者，此不可不知也。

第十章　斯多噶派 (The Stoics)

希臘人仍有一種行爲之原理，亦極爲著名，即斯多噶派之學說也。該派之學說即是，吾人不應令一切事務擾亂吾人之自制及由自制所得之心氣和平。吾人應永爲自己之主宰。

譬如一極富之人將其財產盡行喪失。彼或萬分沮喪至於不可收拾。而斯多噶派之人將曰，「汝有何損？金錢非君身上之物。」所以，如有痛楚難忍，勢將絕望者，而斯多噶派之人必曰，「君肯令此肉體之痛苦擾亂君心之和平乎？」

所以，斯多噶派之人乃以其心——即其本體——爲敵抗一切之堡壘也。彼等立意，於任何情形之下亦決不肯失其自制之力。

由斯多噶主義論之，快樂生活不應爲人生之大目的也，即生活本身亦非應爲人之目的者。吾人在世，應求明哲正當之生活。吾人即宜以此爲原理。至於境遇如何，或貧或富，或貴或賤，均非要者。適應境遇乃最要者也。

不見演劇乎？唱作俱佳，扮演得神者即爲名伶。至於扮演君王或乞丐，與名伶之所以爲名伶無關也。吾人對伶人喝彩，亦非因其冠冕堂皇與否以爲準。彼即衣服襤褸，苟扮演入神，吾人亦爲之喝彩。但於人生上則不然。吾人常以地位爲念，恰如地位爲吾人之最要者；論人亦以地位爲準，而不以其能否立於其位爲準。此非大謬乎？

愛皮提特(Epictetus)著名之斯多噶也，嘗以球戲說明人生。彼云，作球戲之時吾人對於球之良好與否決不注意，祇以何以發球接球爲念；因游戲之趣味不在球而在擊球之技術也。其意即謂生命以外之物——吾人之體軀——毫無價值，其所以可貴者祇因吾人藉彼所施之技能之故耳。

所以，世上最富最亨通之人多非最幸福最有用者；而最幸福最有用者常爲遭際不良而能適應境遇之人。

斯多噶派不乏高尚之人；尤其羅馬人之中爲尤多，因其天性剛毅嚴肅最宜於此派學說也。有愛皮提特者，吾適言之矣。彼雖常居羅馬，實非羅馬生人，彼生而爲奴，壯年之後始得自由。尙有馬庫斯奥瑞流（Marcus Aurelius），一帝王也，亦傳授斯多噶主義者。吾人可自此帝王之著作上獲得同樣裨益，一如自此釋放之黑奴愛皮提特之著作上之所得者。此種事實即大可表現斯多噶境遇之自身無甚關係之學說也。

由伊畢鳩魯（Epicurus）一字生出伊畢鳩爾（Epicure）一字，由斯多噶（The Stoics）一字生出斯多噶主義（Stoicism）一字，今日斯多噶主義云者即表示一種性格也。

斯多噶主義即指意志堅決之習慣而言，即係遇事鎭定，臨難不驚，忍痛耐苦之習慣。

尙有道德高於斯多噶主義者；但斯多噶主義亦未可漠然視之。質而言之，即道德極高之人亦須稍有斯多噶之精神，方稱完善。

斯多噶主義有足爲較高美德之基礎者。余意，剛毅，勇氣，忍耐，等等足使品格堅定；而愛情，同情，互助等等足使品格美麗。

現在，可就斯多噶主義內之數德及與斯多噶主義相似者一考慮之。相似云者即其對本身之措置有似斯多噶主義之處，與他人之幸福平安無特殊關係也。

第十一章 剛毅

剛毅云者，常以表示不畏疼痛，勇於受苦之精神。

不懼痛苦者非無痛苦之感覺也，乃能不令肉體之痛苦擾亂其心神之和平及其自主之精神也。不見有許多感覺靈敏之人曾表示極爲剛毅者乎？

剛毅乃斯多噶派在學說上及生活上所注重之一德。此斯多噶主義（Stoicism）一語於現在引用之時，多係以上所述之意，並非指古時斯多噶派而言，其意幾永爲不畏痛苦之精神。

關於此精神，斯多噶愛皮提特可爲吾人之模範。據云，當其爲奴之時，主人嘗杖擊之。彼乃泰然曰，「請留神，我股將折。」砰然一擊，其股折矣。隨又曰，「請看，我固云我股將折也。」

凡幼年之人均應有斯多噶精神以忍受相當之痛楚，絕不可動輒哭泣或畏縮也。實際上，青年學子於游戲之時常表現斯多噶主義也。例如，棒球或足球之時，常發生極痛楚之事；然旁觀者如未見其致疼之跌倒或打擊，似絕不疑其疼痛在身也者。

此種斯多噶主義之精神半因其堅強之意志所致，半因其有不失其自制力及不爲痛楚征服之決心所致。

此種自制之精神誠足減其痛楚也。如無此種自制之工夫，其痛楚或即爲不可忍受者矣。

隆冬之晨，畏寒之人縮肩而行。彼之寒將十倍於不畏寒者之寒。彼不畏寒者之血因豪傲之氣而流動速而熱度高，宜其不若是之畏寒也。

醫生常云，醫院中之病人祇因不敵抗其病症而死者有之；祇因意志堅強不畏其病症而獲痊愈者亦有之。即此，亦可知剛毅確有使精神戰勝肉體之力量矣。

此種自制可藉正當之傲氣以助之。人能忍受不得不忍受者乃丈夫也。如有學生動輒因疼痛而飲泣，吾人即稱之爲「哭兒」（Cry-baby），其意即謂彼無丈夫之氣慨也。嬰兒動輒啼哭，吾人不以爲非，因嬰兒固非可以自制及傲氣相期者。

此種傲氣，吾人於大庭廣衆之前固常見之。例如，正行走之時，忽遇滑膩之處而跌倒於地。此跌倒之人無論受任何之痛楚，當其起立之時必環顧而微笑，猶如作一極滑稽之事也者。彼之所以如是者不欲示人以弱，恐人以其精神氣魄隨身而倒故也。此乃彼之傲氣。

此種自制猶可藉對於他事之注意而助之。

運動比賽受傷之學生，因其熱心比賽，遂忘其身上之疼痛。戰陣上受傷之兵士不至戰罷或竟不知其受傷；則當戰罷，或竟以得勝之心或戰敗之恥而忘其疼痛。此皆因注意他事而克自制也。

古時耶穌教徒對其宗教信仰極專且堅，即彼等被羅馬人處死之時，猶似未曾感覺火焰之殘酷與野獸之裂食也者。蓋對於他事之注意愈切而愈克自制也。

以上所述之自制常以思想離開所苦者而轉注于有興味之事務而得之。

如遇熬過一生之痼疾，最要者即注意身外之事。如此，則其心有所寄托，即不以本身之病爲太苦矣。

所以，如欲使人能忍受痛苦之時，不宜僅憐之慰之而已；宜以他事引其興味也。或爲讀有趣之書籍，或與彼討論有趣味之事務。確爲有效云。

人皆宜訓練自己，使有忍受痛苦之能力。故意自苦，自屬不必；惟對於任何苦痛或不快之事，總以努力忍耐爲要。吾人一生，煅煉剛毅之機會盡多，固不必特造機會也。

第十二章　勇氣（一）

勇氣亦斯多噶之一德，亦如剛毅，乃自制之一種形式也。剛毅者能忍受痛苦之謂也；勇氣者不畏痛苦之謂也。

人知何以御胆怯之馬。胆怯之馬遇路旁有所不欲接近之物，必繞道而避之；且行至與此物相對之時，又必速其步驟焉。惟其騎者自有一定之路綫，必不欲彼任意奔馳也。於是即以此馬有加以訓練之必要。彼欲使知其所畏者乃一枯株或其他無害之物。於是彼即以穩健之手段驅之使前，不至與彼所畏之物十分接近不已。既已近之，則彼之畏懼已化爲烏有，俟再遇如是之物，騎者將不復有如此之困難矣。不惟此也，此馬亦知人矣。因彼已知其騎者較爲明哲也。如再遇可畏之物，彼將依騎者之意，必不肯任意趨避矣。

諸生不思自己亦猶此馬應加以相當之訓練乎？諸生不亦有時畏怯却步不前乎？然則，諸生不須加以覊勒鞭策乎？

隆冬之日，諸多幼年畏寒娶起，留戀衾枕。一思起床，則念及天寒。於是起而復已者不知其幾多次。彼雖祇起一次。而其精神因寒而戰慄者固不止一次矣。

有一庸愚之學生，牙疼甚劇。但彼以拔牙爲苦，遲延不拔，且作種種藉口以推延之。不知牙如不拔，彼即兼有牙痛之眞苦與拔牙之虛苦，且此理想之苦常勝於牙醫實際上所致之苦也。

吾人一生均不免有諸多不快之事，且有如上所述，於不得已之苦痛外更受無謂之苦者。彼無當機立斷之勇氣，宜其多受苦也。

人皆宜以訓練自己使能决斷敏行爲原理。遇有困難，應以傲氣處理之，猶如騎馬，必以能令此馬敏捷平穩經過其所畏之物爲光榮也。

吾人應以能自制爲光榮，絕不可因卑鄙之畏縮及恐懼使吾人之生活卑鄙也。如隆冬早起也，學習繁難之功課也，遇有不適意之事也，吾人應有應付之解决之之習慣。如此，吾人不僅有工成後之寬慰，且有丈夫氣及自制力矣。

有農夫焉。彼嘗曉諭其子曰，「遇有不易劈開之木塊，即直劈其中心可也。」吾人遇有難題，即直攻其中心。乃一生惟一之良法。

遇有困難，則振刷精神勇往直前以應之，不惟可得滿意之結果且將感覺更爲堅強更爲暢快也。

第十三章　勇氣(二)

勇氣常以表示不畏險阻之精神。即此點觀之，一面可以與怯懦對比，一面可以與鹵莽相較。

懦夫過慮一切之危險。吾人如念及危險，則無地可謂安全矣。或有瘋犬入室，咬傷吾體。或有火災，焚化吾身。吾人於街區行走之時，亦或有脫羈之馬，撞我於地，亦或遇有患牛痘者，致我受病。

凡此種種均爲可有之事；但吾知或竟無一種可以實現者。所以，吾人決不可以此介介於心也。如有必須之警備，即可生活一如絕對安全者矣。

懦夫有時即思此等絕無僅有之事如將發生也者。不以常情爲懷，僅以絕無僅有之事縈繞於胸間。乘舟則思溺；乘車則思覆。

此種怯懦常成心病，與他病無二。吾嘗見一不信火車之人。彼曾華服赴站趁車；至車將開之時，彼畏怯不前，竟整裝而歸。彼尙畏犬。遇犬則驚慌失措，見者輒微笑之；然卒不忍嘲之也，因彼之驚慌已成病症，彼已失自主之力矣。

無人欲被視爲懦夫者；因自有史以來，懦夫即爲人所不恥也。

其原因有二。一則，怯懦常含缺乏常識之意。懦夫料事不明。對於幾乎絕不可有之事，吾人則置之度外，而懦者則以其事之將至爲憂。

一則，懦夫無剛勇之氣。彼不獨憂禍之將至而已，尙憂無以當之也。勇敢之人不以爲其禍之必至；即其至也，彼亦勇於當之。

鹵莽與怯懦適相反也，懦夫心中，無險之處亦有險；莽漢心中，有險之處亦無險。

鹵莽幼童於第一冷夜之後，即敢履冰於深淵，氷已堅否不顧也。於風猛之時，彼敢撑船玩游，自己之技能與力量能否與風力相抗不顧也。

此似勇氣，實非眞勇。如當火車開來之時有小兒戲於路軌之間，吾不曰，「勇哉此兒！」吾祗憐其無認識此危險之知識也。所以，以上所述者實爲吾人所說之蠻勇；即是，彼等所表現者爲愚人之勇，非勇人之勇也。

眞勇之人不漠視危險，其心亦不溺於危險；如實有危險，彼亦知其危險何若。但彼仍注意二事焉。

一、即其體力與技能。彼對此之注意並非空想。彼常自己試驗，固可自知甚明。

一、即其冒險之時機。祗因欲表示其勇氣而徒自出入於水火之中者，可呼之爲愚。如消防隊之救人於火也，彼固知其險；然不以其險置諸懷，惟以捨身救人爲念。於是吾人敬服其勇氣，感激其高義。此乃正當冒險之機會，而眞勇者顧冒此類之險也。

第十四章　英雄氣慨

如上章所述見義勇爲之人即稱爲英雄，自古無無英雄之國亦無無英雄之時代。一翻世界史，即知古代英雄所賜與吾人如何之多。吾人之自由其最著者乎。實則，吾人之得有今日，皆彼等之賜也。

讀英雄故事乃最爲有趣有益之事，因讀之可激發吾人慷慨豪爽之氣也。如以英雄之姓名盡筆之於書者大謬也。名性不彰之英雄多矣，且其行爲之高尙較之名垂竹帛者猶或過之。此類英雄吾輩應特加崇拜也。一戰之後，人多爲將帥慶功，殊不知陣亡士卒之功更大焉。勝負之關健固在將帥之韜略，而士卒勇敢與否亦與有莫大之關係也。

讀英雄故事亦有危險。有時能令讀者自命爲英雄；實則，讀者或竟無絲毫之英雄氣味也。吾人多以遭際不良，不得作英雄爲恨。吾人無大遭際，誠爲不幸。試思在此小遭際之下，吾人何時不爲懦夫耶？

例如，有一童子，一面徐步於街區，一面玩味其所讀之英雄故事。彼自恨生非其時，否則亦必爲大英雄也；彼當何以保護婦孺，寧死亦必與彼殘忍之武士一戰。當其作是想也，彼突然見一玩擲幼童將一老婦之貨攤推翻，且急行數武反顧老婦而笑。此時，此自命爲英雄之童子憐此老婦，思有以助之，但又恐爲彼童所笑，隨即止之；彼恨此童之惡作劇也，思有以懲之，但又見其身材高大，恐非其敵，隨即不顧而去。至此，彼之憐憫之心及其憤怒之氣均將化爲烏有。然吾望彼不復以英雄自命矣，因彼已表示其爲懦夫也。

由此觀之，足見吾人一生自幼至老充當英雄之機會當然不少也。對於正當之事須有英雄之氣概以爲之，對於不正當之事須有英雄之氣概以戒之，他人之譏誚絕不可以爲意也。有違心隨衆之人反笑特立獨行之士爲懦夫者。此種人誠可謂懦夫之尤者矣。

對於救助被虐待之動物時，亦時有非英雄之氣概不可者。爭鬭多非正當，但爲正義而鬭孰曰不宜？爲保護弱者鬭，爲救濟苦難鬭，固有英雄之風矣。

第十五章 英雄之類別

如知其人所崇敬之人物如何，即可推知其人爲何如人，最低限度亦可推知其大概。此種推理祗可用之於道德方面；如醜之羨艶，弱之望強，當然不在此例。即按道德方面而言，此原理亦有例外，玆不俱論。惟此原理之眞理亦足以表示吾人對於心底之所崇敬者有加以考慮之必要矣。

有印第安人焉，流覽其同族之像片。一片爲一溫和且富有思想之人。在吾人視之，此片或竟爲其中之最美者。惟此野人不愛焉，彼竟以此爲印第安人中之最劣者，又有一片乃一極爲殘忍極爲凶悍之酋長，而此野人竟以此像乃不愧爲印第安人。此等崇敬足以表示彼之爲人矣，且足令彼成爲與其所崇敬者之近似人物矣。

吾人之崇敬既有如此重大之關係，吾人即應對於人類之所崇敬者加以相當之考慮也，人類自有史以來即崇敬英雄。然則，英雄有考慮之必要矣。英雄不同，有可崇敬者，有不可崇敬者。

勇氣，體力，精力，技能，仁愛，——凡此均爲有崇敬之價值者。即於游戲上表現之，亦與其價值無損焉。所以，如其可求，竭力求之可也。然此自非最高之英氣。用之不以其道，當然無崇敬之價值；然有時人亦贊揚之。

有確係可鄙，毫非英雄而竟認爲英雄者。如強有力者之凌辱弱者是也。『蠻橫』之輩欲令弱於彼者敬畏之。此種『蠻橫』之行爲不獨可見於社會，於游戲塲亦可見之。此輩對於弱於彼者，其勢糾糾，直以英雄自居。實則，彼乃懦夫；不然，何不對強於彼者以逞其強耶

猶有非英雄而人竟稱謂英雄者。彼有力量與勇氣。彼勇於冒險，惟其所以冒險者因圖他人之利益耳。此固掠奪者，壓迫者，害人者也。

此類僞英雄之中，海盜，山賊其最著者乎。然未了解人生之幼童多崇敬之。彼等理想之模範英雄即係賊王。

關於海盜之故事，有讀之令人心醉者；但此乃由於祇注意其技巧及其勇氣，未念及被害者之故也。

賊至汝家，彼或盡掠汝之所有，或且傷害汝之父兄，打敗巡捕，挾贓而逃。如此不可謂不勇，不可謂不巧；然吾人不贊美此賊也。即彼施捨其贓於窮人，吾人亦必鄙之。而海盜，流寇亦卑鄙之小醜耳，惟其衣服華麗，黨徒繁衆而已。

盜賊之智勇吾人尙不免有時嘆賞之，而智勇之價値可知矣。

世人崇敬之英雄與盜賊無異者多矣。不以人類之幸福爲念，祇爲自己爭權力，爭榮譽，爭城，爭地之英雄皆是也。世界所崇敬之英雄固多有與幼年學童所崇敬之海盜山賊相伯仲者。

所以，吾人祇可嘆服大征服家之威權，絕不可因其威權遂不察其行爲之性質也。

。征服家之外觀固較賊王為美，但其心正與賊王之卑鄙自私無二。

自私卑鄙永為一物。惟世人不能理會，誠是可嘆。無論衣冠如何堂皇，威名如何遠大，如其自私，即為卑鄙無價值之人。

救國之戰功，助弱之戰功，與窮兵黷武之戰功決不可同日而語。人類對於好戰之戰功將有不屑與以贊揚之一日，但對愛國心及助弱之義將無時不敬重也。

人之職責不一，但無不各有其英雄也。有為真理犧牲之英雄，有為公道犧牲之英雄，有為慈善犧牲之英雄。

無英雄事業較之道柔集底可斯（Dorothea Dix）（1）之事業尤為英雄者。彼為救濟美國瘋人之苦痛而犧牲一生。彼非十分健康之女子，既無金錢又無朋友。然彼竟為瘋人之待遇不良而革命矣。

諸生不知昔日瘋人所受之苦。彼等囚於污穢之地，既無牀椅又無炭火。此種殘忍非人固意對於瘋人殘忍也；祇因人以對待瘋人固應如是耳。

底可斯女士大發惻隱之心。犧牲其精力，周遊各地，鼓吹人之注意並指導之。於是新式醫院林立矣，瘋人獲得較好之待遇矣。由今日觀之，昔日瘋人所受之痛苦則幾爲吾人所不能置信也。

關於瘋人猶有英雄焉，惟與該女士所爲不同耳。

查利士蘭木（Charles Lamb）(2)善文者也，其所爲文既有思想且饒興味。彼與世人之所謂英雄者絕不相侔；然其生活確係英雄之生活也。彼與其所愛者定婚矣；但其妹突然患瘋且殺其母。於是彼不顧其婚姻如何，即專爲照顧其妹而生活矣。彼與其妹同居。彼妹發瘋，即送往醫院。瘋止，即迎之而歸。每逢瘋病將發之時，兄妹即偕赴醫院，見者無不酸鼻。瘋止時，則一嬌好女子；瘋來時，則無異於夜叉。終乃因病自殺。是時猶在底可斯以前，瘋人之待遇尚極殘苦焉。

各種英雄甚多，惟爲篇幅所限，勢難盡書。有火車上之司機者，固知兩列車之將撞也，然不肯輕棄其職守，隨竭盡其能以期減輕此相撞之力而終至於死者有人焉。氣船之船長已知其船之將沉也，然不肯輕離其位，隨靜俟乘客逃生而自己甘於殉船者亦有人焉。醫生，看護爲救人而不避惡疫者，更難屈指數矣。有神父大閔（Father Damien）者，天主教之僧也。憐憫被囚於孤島上之患瘋癲者，竟往與同處。彼知一與彼等同居，即染斯疾；一染斯疾即永無與彼等脫離之日。然彼祇知爲彼等造福而竟忘其生死矣。

我欲諸生人守一册，將歷史上，新聞紙上，及日常生活上所見所聞之英雄盡行記錄。某輩爲愛國之英雄，某輩爲科學上之英雄，某輩爲博愛，宗教，或其他任何主義之英雄，如能分別記之尤佳。於是即可判斷某輩爲最大之英雄，某輩應爲吾人之模範。惟勿以備有英雄錄即可爲英雄，須知求爲英雄方可爲英雄也。

日常生活上之英雄多矣；幼年男女爲求學而犧牲玩樂，英雄也；爲父母兄弟姊妹之不得已而犧牲自己之求學，英雄也；爲助人而放棄自己極爲有趣之計畫，英雄也。英雄自英雄；絕無粉飾之必要。

以上所述本色之英雄應筆之於書，以爲生活上之模範。

（1）參考道柔集底可斯傳（The Life of Dorothea Dix），佛朗西提芬尼（Francis Tiffuny）著。

（2）參考宜利阿文集（The Essays of Elia）。

第十六章　知足

對於知足，與以上所述之勇氣及剛毅爲不可少之物：剛毅可以忍受目下一切之不適；勇氣可以應付將來一切之意外。

不知足之心理有似懦怯之處。懦怯者祇見其危險，不見其安全，實則安全之機會較諸危險之機會爲多；不知足之人祇見其失意之事，不見其快意之事，實則快意之事較諸失意之事爲多。

自理論上觀之，懦怯所慮之危險未嘗不可有，而人之不知足亦未嘗無理由。實際上，人固皆有不適意之事。不知足之人即以此証彼之思想爲確鑿。其錯誤乃在儘知此一面而不察其他也。

不知足之人，其感情必基於實際失意之事；因此，彼必以其不知足為正確。然而，彼應一計其快意之事是否較比失意之事為多，是否應令此一點之失意剝奪其生活上之一切舒服。有句俗語，頗為有識。不知足之人幸留意焉。該語云，『如不愛之，即須忍之，』(If you do not like it, you must lump it.) 意即，勿以失意之事介介於心，不以為意可也。

有願世人皆幸福者，見一貧婦生活甚為困苦，隨以華屋居之，衣服金錢以及一切日常生活上之需用品無不俱備。一年之後，此人往探之，意欲知其快樂何似，不料其困苦之狀一如往昔焉。鄰有孔雀，啼聲逆耳。此鳥之啼隨使該婦一切之快樂化為烏有矣，故其困苦如初。夫孔雀之啼聲固可厭也，惟彼不應令此一點之不快破壞其餘之一切舒適耳。

吾人認為不知足之習慣可以自療其病亦未為不可。此習慣固自作其孽也。吾人常以過失所致之不幸福而糾正過失；但不知足之習慣，其本性即爲不幸福，可不急加糾正乎？

有盛饌焉，其中有苦於口者。如將此苦菜與他種美味混合之，當然即無可口之美矣，即以有菜皆苦而鳴不平矣。不知足之心致吾人一生無不苦之處者亦猶是也。

然而，事雖不經，而不足之心固常引起相當之滿意焉。不知足之人常因不滿意之習慣，而發生一種高超之感。其所以如是者即以人能受之而我獨不能者因其天性嬌貴之故也。

有一故事，言有一女王欲尋一眞正王女以配其兒；於是，彼即設計以求之。彼以重褥鋪牀，重褥之下置一玫瑰花之葉片。隨令諸多幼女輪流寢於其上藉驗孰爲眞王女焉。次晨均云夜夢甜美，而女王即思之曰，『啊，汝非眞王女也。』最後，一女顏色憔瘁，聲稱褥下有硬物焉，致彼一夜未眠。彼隔重褥，竟能感覺此葉片之硬；而女王即因此認彼爲眞王女矣。

有無數之人認爲不能忍受任何失意之事者爲高超，自如王子王女焉。彼等以其消化不良，或不良於行，等等不佳之事爲嬌貴。

不知足之習慣仍有如是之滿意焉。不知足之人念及其四圍大爲不稱意之事之時，常發生一種愉快之感。彼有如此之自重心，彼遇有任何稍爲不滿意之事。即引以爲恨，而此種習慣實增加其重心也。

我何德何能，應否有如是之奢望；世人受苦者如此之多，何以自己獨要享福。倘以此自問，而此種不滿之心理或可稍爲減殺焉。

再以誠實忠厚之人所受之苦，與自己所受之苦一比較之，即知自己之苦不足爲苦而自己不應不知足也。

大抵不知足之心由於誤認身外之物任何適宜之配置有足令人感快之故。外境固然有易於令人感快者，但外境之自身決不能致人快樂也。

人皆有須生活之藝術。生活之藝術即係利用環境而不爲環境所制；即事事不如意，亦可愉快受之。

諸生不常見瑞士之雕刻品乎？如見其雕刻時所用器具之簡單，必驚奇焉。未見之先，必以此類工廠內之器具甚多。及既見之也，亦不過三五幼年各執小刀一柄，木料一塊而已。即由此極簡單之器具及材料，彼等竟能造出快己快人如此優美之物品焉。

然而，此尙與習慣有重要關係也。吾人所見者爲吾人所追求之事，爲吾人習慣上所見之事。例如，慣於校對初稿之人，一見即知某字排錯，而無校對習慣者不易見也，此無他，習慣使然耳。

所以，慣於認識可憎之事者，不易認識快意之事；慣於認識快意之事者，又幾乎無處無快意之事。

能令吾人生活幸福者，幾無過於對自己之境遇常存樂觀之心理也。

第十七章　野心

知足之心亦時有弊焉。人或患太知足也。對於無可如何之事物，固可順受之，而勿使爲生活之障；對於易於改良進善之事物，如仍聽其自然，不以未加改進爲不足，便大誤矣。

知足如此，與庸碌有何異焉？吾人常見鄉人有不理其庭院者。門戶脫落而不顧，野草滿院而不除。吾人必以此家主人過於優游也。彼太知足矣。彼亟須有不滿之心以督催之也。

凡事欲出人頭地，此種精神卽稱之曰野心。野心，因其目的，可善可惡。野心催人努力，如鎗藥催彈飛出。鎗藥催彈飛出，可以爲善，可以作惡；野心催人努力，亦可爲善，亦可作惡也。實彈之鎗須確定目標方可期其有效；有野心之人亦須認清目的，始可期其有成。鎗如無藥，卽爲廢物；人無野心，亦卽廢人。

吾人宜善用合理之野心以增進吾人之環境。如有幼童欲於勤苦中求得一舒服之家庭，且欲愛彼之人均得生活舒適焉，此正當之野心也。即求富之心亦常爲有價值者；惟富之代價往往過高，是不可不知耳。

事事求全，有價值之野心也。此種野心皆須有之。即於游戲之時，亦應有求爲健者，求爲克盡其職者之野心。游戲之時，對其比賽漠不關心之學生，於他事亦鮮克有成。

馬有野心，不待鞭策而後行，吾人喜之也。工人有野心，其工必精，吾人喜之也。學生有野心，功課必熟，吾人喜之也。

抱有此種心之人，即游戲亦難事；因凡彼所從事者，彼必以全力赴之也。無此種野心之人，即工作亦游戲；因彼對於其事務亦漠然也。

最要者，吾人應有爲善之野心。

野心不一。未成年之幼童，口銜紙煙，闊步而行。此亦彼之一種野心，但此類野心徒令人取笑，令人輕視耳。有人祇知求富，他人之善意彼不知之；他人之誠實，光榮彼不知之；人須其助，彼不知之。此輩亦爲吾人所不齒者也。

吾人欽佩如是之野心。彼決意爲大丈夫，爲良友，自謀生活且助人生活；總之，彼願爲光榮有用之人，且願使世界進步而幸福。

第十八章　教育義務

吾人已知竭力改善個人之野心爲最足讚許者。然此種野心不有教育以助之，殊不易達其目的也。所以，充分求學乃個人對其自己之第一重要義務。

於此，教育之意義即個人可以獲得之家庭教育，學校教育，社會上之經驗，及個人可以自給之一切教育也。

男女入學讀書，有認爲不得不如此者，有視爲當然之事者。能自問入學究爲何事者鮮矣。今擬將此理一伸明之。

人類將每代求得之知識傳流於後，而後代之人即據有較諸前人爲優之出發點。

人之所以異於他動物者即大抵職是之故也。

據吾人之所見，其他動物每代之出發點可謂恰與其前代相同。蠶之吐絲，蜂之釀蜜，鳥雀之築巢，海獺之築壩，其所用之方法可謂古今一轍。在最古之時，而此等技能亦或係漸漸由學而能；但就吾人之所知，彼等之進步固不可得而見也。

人之所以異於他動物者猶有說焉。人所爲者，須學而後能；其他動物所爲者，大抵僅爲其本能——非待學而後能也。

對於動物，有似極自然之事，而彼等亦竟須學而後能焉。如使此鳥不得聞他鳥之鳴聲，彼將不鳴。如使一鳥與異類之鳥同處養之，彼即學他鳥之鳴而不作彼應有之鳴。所以，吾人聽令此金絲鳥從彼善鳴之老金絲鳥一學習之；否則，彼將不能鳴其鳴矣。惟彼等所作者多係不學而能之耳。如蠶之吐絲，蜂之釀蜜，即彼未見其父母何以爲之，彼亦能之也。

即此可知青年男女有入學求學之必要。

吾人所以求學者，因吾人可以得到前代之知識及經驗，可以在生活上得到優良之出發點。如幼年男女，不以前代遺留之重要知識教授之，則與生於二千年前未開化之野人將無以異也。所以，不願受教之青年即無異欲將其生於現在之利益拋棄也，即無異欲以生於千百年前未開化時之青年之出發點爲自己之出發點也。

青年男女之所學者乃前代遺留之菁華，吾已言之矣。惟能學得者甚少耳。詩人吞尼遜（Tennyson）曰，吾人爲，『過去諸世紀之承繼者（一）』但幼年所能學得者，亦僅爲何以獲得此遺產之方法而已。

試想人若能讀，善讀，愛讀，其獲益當何如耶。祇能如此，則前代寶藏之知識即可隨意求之矣，此何異授以寶庫之鑰並許其任意取之哉！

其他學科亦猶是也。凡學通一科，即對於宇宙之門多獲一鑰。不學者不得也。

然而，最要之工具仍爲心之爲物乎。學生於學校內所學之最所貴者即用心也。

(一) In Locksley Hall.

第十九章　自教育之義務

吾人常聞自己教育自己之人。幼年無讀書之機會，祗依個人之修養，利用時會，而終久得到極光榮之地位，得爲極有用之人物者，即此自教育之人也。在美國，此類人物甚多，林肯其最著者乎。

廣而言之，凡有所成就之人均可稱爲自教育者也。如青年之人不自己努力，任何之優良教育亦不能使有所成。

對於自強之一事而言，人與其他動物懸殊特甚。馬須人訓練之，彼自己不知訓練其自己也。亦有動物稍知自加訓練者，人教與象者，象有時自己練習其所學。人教與鸚鵡者，而彼亦常自動練習之。但此固非常例耳。否耶。

第二十章　自重(一)

自重為男女作人之基礎也，如人無自重心，即為不堪造就之人矣。

自重為以上所述各德之重要基礎。野心，勇氣，剛毅，以及自制之一切形式均含在內，對於虛榮心及猜忌心，自重心足以糾正之也。

虛榮心僅快意於他人對我之好意；自重心與他人對我之感想如何無關。在相當範圍之內，吾人應求友人之好意，且更應以能得此等好意為快。然自重之人決不肯降格以求之；如無意間失却此等好意，即有時不快，亦決不至憂形於色也。此無他，因自重之人視自重之德較他人對彼之好意尤為緊要之故耳，

吾人須知世無特效之方劑以解除世人之煩腦也。道德君子非永久快樂者。即宗教亦非以使世人皆得到圓滿之快樂為目的，彼僅助人忍受而已，僅使人於宗教上獲得較高之美德而已。

所以自重之人或有時以被人厭惰，被人輕視為恨，但不若祗以他人對我之感想如何為轉移者之為甚也。

自重可以矯正猜忌及嫉妒心，惹起猜忌之事甚多，即於幼年學子之中視之亦不可以數計。此生成績較我爲優，此生衣服華美，此生素孚衆望，凡此均足惹起猜忌之心也。

此類事由即爲善猜忌者煩惱之源。某人受人愛敬，彼即恨之；而愛敬某人者或爲師長或爲同學，彼亦恨之。彼輒因此沮喪，或變爲性情暴戾之人。

自重之人將何以處此？玆有一例，諸生幸留意焉。

（一）法國一著名之著作家曾著一書，書之初部即其自傳。此傳所叙之英雄（作者自託）爲一貧兒，住於法國里昂（Lyons）。彼得免費入學之機會。此學校之學生均爲貴家子弟。彼入學時，身着寬衫，窮人衣也。諸生啾啾，均云，『此生衣寬衫入學！』嗣後，即教師亦以其貧也而輕視之。此教師未嘗呼其名。向彼問話之時，即曰，『來，汝何名？』或曰，『汝何幹？汝名爲何？』此種情形如在平常幼童，或即因之沮喪，猜忌，嫉妒，不快。而此自重之幼童殊不然也。彼祗自云，『祗我能爲該學之學生，我定要比他生倍加勤苦。』彼果如是。終爲大人物。彼自傳時，題其書名『小子何名』。

自重之人決無心懷譎詭者。即彼之道義心不足使之拋却此種心理，而其自重心固可令彼不犯此種行爲也。

現在可以自重與驕傲一比較之。

自重即驕傲之一種。惟自重爲正當之驕傲耳。以自己比人，且輕視之，此不正當之驕傲也。

驕傲與虛榮心不同之處，即驕傲之人祇蔑視他人而他人對彼之感想如何不顧也。

當我幼稚之時，常與一夫人談及易犯之過錯。彼自言其易犯之過錯爲驕傲。我隨驚視其面而問曰，『汝有何等可驕之處？』彼即現有不豫之色，予始知失言。吾人固不可以此相問；但有驕傲之病者如能以此自問，必大有裨益也。

自重亦驕傲也，惟不與他人作比耳。自重之人祗以自己之人格爲重，有損自己人格之事決不爲也。

欲得他人之尊重，須先自重。不自重之人決不可望人之尊重也。

(1) "Le Petit Chore," by Alphonse Daudet,

第二十一章 自重(二)

除以上所述者外，自重仍可於多方認識之，例如，於整飭或清潔上均可見之也。

無論若何貧窮之幼女，如能整飭潔淨，則皆喜見之。彼淡薄之裝飾無論如何簡單，亦足表示未因貧困而失其自重心也。

兒童之不潔，其過不在兒童；然不潔之兒童人猶厭之，由此可知不潔之人當然永爲可厭者也。

即動物亦多愛維持清潔者。畜猪之處常惹人厭惡也；但此非猪之過，主人之過耳。即猪亦竭力維持清潔也。予常見一猪，其睡處爲一小屋。屋有口，外通猪圈。其圈之穢污固無異於其他之猪圈；但其睡處却十分整潔。爲便其偃臥所給之草，彼盡以齒切斷，俾成一整齊之草墊。屋內一隅尤爲清潔，即此所與之草亦不得而見焉。蓋因此隅有一小孔，彼臥時置鼻於此以便呼吸新鮮空氣之故也。予見他猪寢處於污穢之時，即憶及此猪，且因而憐之；因吾知彼等亦欲清潔也。由此觀之，人不清潔不如猪。

人以污穢待猪，而猪即似天然爲污穢之物也者。茲更以貓喻之 猫常以舌自洗。人或以其方法太拙；但彼所賴以維持其清潔者固祗此一法也。

常見猫病，且須服藥。彼拒藥物，一如孩提然。惟彼情有可原，因彼不知醫藥之於彼有益也。有一聰明之少女，係新自愛爾蘭來者，大聲呼曰『給我脂油少許，我能使服之。』彼雜藥於油，塗於猫身。猫厭其味，且厭其皮毛之被污；因而舐之，其病隨愈。

整飭及清潔爲自重之一種表示，殊足引人之重視也。幼年男女謀事之時，最足敗事者其爲不整飭不清潔之外表乎。

自重之人應以居室不整潔爲恥。

整潔於實際上猶有其他之關係。腸熱病及其他多種可怕之病，就吾人之所知，其原因均由於離開顯微鏡所不能見之微生物所致。此等微生物於污穢之處繁殖特速。不見瘟疫流行之時乎？污穢之處最易受傳染也。

內部之污穢更劣於外部之污穢。自重之人必有純潔之胸懷，不純潔之思想較之污穢之面孔可厭尤甚。

思想不潔之人，如其思想一朝暴露，其感覺當何如耶？吾人決不可思其不善，行其不善，致知我者以我爲恥也。

思想之完全暴露，固不多覩，但實際上必有相當之表現，思想不正之人，其神色亦必不能得其正。彼自爲人不之知；但精密之旁觀者早已洞察其肺腹而厭惡之矣。

倘有種種劣德，惟有自重心者足以免之。質而言之，自重心爲諸惡之敵，爲百善之友，因自重心乃大丈夫之心，大丈夫之魂也

第二十二章　自制

人生必須之德甚多，自制其一也。

人而不能自制，勢必任意妄爲。談吐祇求快意，至所言者仁與不仁不顧也　飲食祇求適口，至所呑者衛生與否不顧也。

人而如是，與一切未受訓練之野獸何以異焉。彼似惹人厭惡之小兒，彼似不解人意之惡犬。不知服從之德者即此等人也。

有引誘焉，作之無害，遇此情形時，可自加禁止；試看自己能爲自己之主人否。此種試驗確有益也　吾人訓練一犬，不令如此，不令如彼；非如此如彼有何害也，祇欲其能解意耳。常見一犬蹲立，鼻上有肉一方，毫無呑食此肉之意，至呼之食

始食之。似此之犬可謂有訓練矣。吾人對於自己，應有主權，應有如此犬主人對於其犬所有之主權也。如對自己無若是之主權，即無時不在錯誤之中。此類人即似騎不馴之馬者。該馬任意停頓，任意馳驟，騎者固永在危險中也。

古代希臘及印度之哲學家常以有訓練之馬及無訓練之馬以比吾人之心意；此種比喻殊多合理者。吾人得暇，不可不一研究也。

過適口之物即食之，且食之過量。此種習慣謂之饕餮。饕餮殊有害於健康；一如老人之貪得常使人多方厭惱也。

猶有甚者，即好飲酒之習慣也。飲酒求醉謂之酗酒。

人類最可厭之習慣，酗酒其一也。酗酒又爲極危險之習慣。酗酒之原因即由於自制力之缺乏；既酗酒成習而其他一切之自制力又必爲之催毀而無餘。

酩酊之人放棄其主權，猶如騎者正常危險之中而放棄其馬繮也。高雅之人飲酒過多，可變爲可厭者；聰明之人飲酒過多，可變爲愚子。此非最可笑之事乎？

嗜酒最大之危險即完全失却其自主之力也。其始也，彼或以時而少飲，何害之有？朋友旣以酒見敬，何故不飲？他人飲之，我何不飲？旣而自己愛飲，又何不肯不飲？於是不知不覺之中酒癖即成；癖成，則無由自拔矣。

予以爲嗜酒之癖爲最可怕者。此癖之力量強於對父母子女之愛情，強於責任心，強於畏穹心。強於名譽心。一時思飲，其情如焚，即犧牲一切亦在所不惜也。

有特易於溺於酒者，但無人有絕對不溺於酒之把握也，且無人能預知其不爲酒害也。彼或笑他人困於酒，但轉瞬之間困於酒者或即笑人者也。

於奈啊嘎拉瀑沛上游之遠方，吾人自可順流下駛；如有意回駛，亦自屬可能。但下駛過遠，即至不可回頭之地矣。所難者即在吾人不知何時即至此不能回頭之處。彼人或想彼倘安全且將回頭；但不知此河流之勢力已遠超乎彼之勢力之上矣。於是彼祗可隨波逐浪順此瀑沛而下。初飲酒時，人之心理亦正如是。未有能預知其至何時即不可挽救者。

非謂嗜酒之人不可回頭也，惟其回頭不易耳。如立意回頭，其所受之痛苦有非吾人所能臆料者。具有此種毅力之人實不多見。所以，如幼年男女欲免此苦，以不使烈酒觸唇爲惟一妙訣。否則，始也嘗之，終也不得自拔。

人笑嗜酒之愚猶笑時疫之危險也。今日自以爲健康，明日或即爲時疫所襲焉。

第二十三章　自恃

早學自恃，切要之務也。時望人助者决非大有爲之人。

吾人必須認識自恃與自負不同，然此二者之界限於文字上固不易言之鑿鑿也。彼之不同有似前章所述眞勇與蠻勇之不同。

自負之人自認爲優於他人。不見自負之幼女乎？彼自以爲較他女爲美，爲雅，爲能。彼自以爲其功課優，其文章美。無論何事，總以自己較他女爲高，自己之方法永爲至善者。自負之幼童亦然。此種自負之心理殊難糾正，因此類自負之人對其所作所爲既認爲完善而其自負之心理亦必隨之日增也。

男女入學，時與優於彼者爲伍，而其自負之氣又常爲他人所不容，於是其自負之心或可稍殺。此亦幼年男女入學利益之一。

自恃與自負迥殊。自恃之人其貌恭謹。彼對其將作之事不曰，『我強健聰明，必能爲之。』惟曰，『我擬試之；如祗須勤苦，我必力成之。』

欲爲自恃之人，有道焉。凡自己能爲之事，必自己爲之；不能爲之事，亦必勉力爲之，不至智窮力盡之時決不求助於人也。

有諸多學生，遇有稍難之問題，即請教師長，或咨詢同學。汝等不宜如此，宜先自試之。不惟此也，即平常猜謎，如未竭力試猜於先，決不可期人告諸我也。

竭誠盡智以竟其功，事後必感愉快　此種愉快，遇難求助之人絕不可得也。

此種感覺似攀登至山顚後所發生之感覺。經此攀登困難之後，心理上發生一種健康之傲氣；經此筋肉緊張之後，生理上發生一種愉快之感。吾人讀數段深奧文字或演算三五難題之後，其感快亦猶是也。

戰勝一種困難之後，其人之自信心即隨之益強。俟再遇困難，彼必不畏怯且將戰勝焉。

試看此人所獲者若何。何者當爲，何者不當爲，在他人猶猶豫之，而彼則勇往直前，着手成功矣。

遇事即作。所用之方法雖非至善，但較之却步不前者固不可同日而語也。

自恃於思想上之重要與在行爲上同。

無主見者遇事咨詢。實則彼所疑者或即其衣服之顏色而已。所咨詢者輒意見紛歧，於是彼之不快即較前尤甚。

無人能知忠告之眞正價値如自恃之人也。自恃之人由自己之經驗深知自己之能力，深知自己何處須助也。

富有經驗及學識者與我忠告之時，自當感激受之。

但普通之人鮮有能設身處地為汝畫策者。遇有必作之事，一直作之即為上策。因對於自己所作之事，自己之思想常較他人之思想為精確也。

與朋友討論自己之計畫，常為有益有趣之事；但吾人須知最後之採擇仍在自己個人也。

諸生亦曾念及何以美國大人物多係出身寒苦者乎？彼等幼年多係生活於當時美國之西部，彼處無學校，生活艱難，交通不便。然彼等竟由此不良之情形中而變為總統，法官，將軍，或資本家。

如將此等寒苦出身之人開列一紙而保藏之，殊有益也。（一）如詳細研究此種人物並筆記其名，汝將驚其人數之多。此種筆記可於前章所述之英雄錄中另闢一章以補之。

此等寒苦之幼年不得為顯著之人物者多矣。然而，彼輩固常為歧業家及有用之國民也。彼等之名將不入汝册，但彼等之生活確係成功者，即較之名滿天下之人或尤幸福也。此種人之所以成功者，其第一原因即爲彼等無所憑藉，必須自己努力之故，所以彼等即係自恃者。彼等既已入世，即一往直前，不望人助，各自爲謀。敏於事，勤於業，且善識機會。於是人信任之，尊重之矣。

諸生雖較之此輩得助爲多，然亦可培養自恃之力也。汝可自行工作，自行解答問題，自行打破難關；凡此均可謂諸生自闢前程之準備。

幼時，常與友人游美仁樹林（Maine Woods）。林內有湖，吾等欲漁，遇一童子，不過十歲，即爲余等操舟。彼知何處有魚，隨助漁焉。事畢，以錢相酬。彼拒而不受，且昂首而言曰，『我亦欲漁也。』

此自恃自足之兒童迄今仍時呈現於我之思想界。彼不望受生人之惠。

凡此常引我憶及幼年所讀之一段故事：——有白靈鳥焉，築巢於田苗之間。一晚老鳥歸巢。衆小鳥大聲曰『吾等必須棄巢而逃。』於是衆鳥報告曾聞地主欲乞鄰人於次日收割此地田苗之消息。老鳥高呼曰，『啊！如祗如此，吾等固可安居無恙也。』次晚小鳥仍現恐惶之狀。蓋因農夫惡其鄰人之不至，擬請其親屬助之也。老鳥聞此，更不以爲意，且告小鳥無恐惶之必要。次晚小鳥均甚喜悅。老鳥問曰，『今日無所聞乎？』小鳥答曰，『無甚重要者。該農夫以其鄰人及親屬均不肯相助，至以爲恨。彼言彼將自爲之。』老鳥大驚失色，曰，『今夜吾等必須棄巢而逃。如人決意自爲之，天下事固無不可爲者也。』

(一)參看第十五章

第二十四章　個人與他人之關係

以前所述大概爲個人對於自己之事。如離開衆人自求生活，所述各德幾無不正確者。

但吾人不離羣獨居。人皆互相結合。彼爲某族之人，彼爲某市之人，彼爲某國之人；總之彼爲世界之人。彼不祇與現在有關係，與過去及將來均有關係也。

吾人常想，社會之組成原由於自由生活之個人組成之，但彼等犧牲一部分個人之自由，藉以獲得羣居之利益。現在吾人已知自最古之時人即羣居互有關係也。實際上，如將一人之所已受於社會者及每日所受於社會者盡行剝奪之，彼將不成爲人矣。

汝曾迷途於城市及樹林中乎？如有之，汝必知汝大有賴於四圍之人也。

迷途之人痛苦異常。尤於饑囊空虛之時，其苦痛即更不可以言喻矣。天地變色；街區之人物盡呈異象。其覓食也或覓住處也，均現黯淡之色。徬徨四顧，不知所止。

迷於林者尤甚於此。樹木叢翳，野花茂盛，百鳥和鳴，微風習習；萬物盡可美麗：然與迷途之人無關也。彼所得而食者惟野果耳，所得以避風雨者惟林木耳，無佼談之友也。

由此可知吾人離開社會，即無若何之價值矣。吾人實生活於社會生活中也。

汝等未讀魯賓遜漂流記乎？或覺以爲吾人可以離開社會而獨立營生也。

試一思之，彼何寂寞也，彼何等渴望復與人類同居也。

再思，彼獲得若干他人所造之物品，如無此等物品彼將何以爲生。彼有破船上遺留之食物以供其島上生活之開始；彼有破船上遺留之器具以供其使用。凡此諸物均爲彼所離開之社會之產物也。

彼造居也，造船也，以及一切彼所作所爲之事，有一不賴其於離家之前在人類社會上所得之經驗閱歷者乎？

凡其所作所爲或有出乎經驗閱歷之範圍者，即彼用其所得訓練之結果，用其所得祖宗遺傳之習慣。

然則，彼僅爲歐洲社會上之一人，歐洲文明之一代表，歐洲歷史之產物，特偶然與其所在之社會分離耳。彼於孤島上之生活亦只表示歐洲社會及歐洲文明之結果而已。

如其爲野蠻社會之人，彼之行爲將不能全然如此；大抵其思想，行爲及感情將無異於野蠻人而不復爲歐洲之文明人矣。

即此已足表示吾人不可離羣而獨自生活矣。前已言之，如吾人捨棄祖宗之所賜及現在社會之所賜，吾人直無物耳。

如樹葉有心，彼或想彼可離樹而自爲謀，就如吾人常覺他人與我無涉也者。此葉或將落地而萎；但彼仍樹葉也；僅枯乾而已。人可以生活，猶如與其他之人無關也者；然彼終不能不爲世界之一人；惟彼不顧世界，彼即失去圓滿之生活一如落葉之失去美麗耳。

第二十五章　自私

人既不能離羣自爲生活，則必爲社會，家庭，城市，及國家之一分子。然則人生之第一要務其爲善事其事，善立其位乎。

祇顧自己而不顧人之人與音樂隊中祇顧自己大聲彈奏而不求與他人諧和者無異。此等奏者固可引人注意於彼，但結果亦祇惹人厭之而已。

人非不可自謀幸福也。如人皆不顧自己之利益及快樂，世界將爲乾枯之世界矣。

質而言之，於平日不能自顧之人決不克爲社會上之健全分子。兵士不能強壯其體軀，活潑其精神，於行軍打仗之時必不克盡其職。全軍出戰而彼以病留於營；出戰固苦，而留於營者因責任心之責罰其苦常倍之。

世界一大軍隊也，吾人在此軍隊中均有相當之地位。家族也，學校也，以及吾人組成一切團體均猶此軍隊之支隊然，吾人於其中無不各有其相當之位置及相當之責任。

但吾人自顧之時又不可不兼顧他人耳，因他人之利益於他人其爲重要一如自己之利益之對於自己也。

祇知有己不知有人之生活謂之自私。自私之內容即係不顧他人，祇求滿足自己之欲望一如他人無欲望也者。

自私可謂萬惡之源，因一切罪惡及一切不道德之行爲均由自私之心而生。搶奪及欺騙自私使然也。自私之人貪財。彼不以他人之困苦及權利爲念。他人有財，彼希圖之，於是彼即竭盡其能以取之。

放縱恣肆，人格墜落，自私使然也。當見衣服襤褸言行卑鄙之酒徒時，吾人幾不知彼爲一時之快樂而蹈於此。彼雖爲快樂以至於此，亦未見其果能快樂也。因彼祗顧自己暫時之樂而忘却其父母妻子，故遭此孽。

使人不顧貧困及無助之人者自私也；令人於惠而不費之時亦不施惠者亦自私也。

出不仁之言，樂他人之禍者自私也。

以害人害物爲快者自私也。

總之，自私之人希圖世界上之大利而不肯爲世界稍有涓滴之犧牲也。

由此足見自私爲何等卑鄙之事。實則，少量之自私即爲卑鄙，而多量之自私即不祗卑鄙又極可憎厭矣。小兒祗顧自食而不肯稍分其糖餅於彼之小友，吾人厭之。如彼强佔同伴之愛物，吾人即更厭之。而自私之成人其卑鄙可厭亦猶是也。大征服家爲滿足自己之野心而犧牲無數生命，大政治家爲施行其政策而煽惑羣衆，均爲卑鄙可憎之事耳。

第二十六章　服從

凡人均爲社會之一分子，吾人已知之矣。第一屬於家庭，次屬於鄉，次屬於縣，再次屬於國。自私者之心理反是。彼所希圖之生活純以自己之生活爲基礎；即是，彼視他人之存在均爲彼個人之存在而存在也。

有數事焉，於公共生活上可謂極爲切要者，茲可分別述之。

其中最顯著最緊要者服從是也。

吾人適應社會對於吾人之要求能得到相當之位置者服從使然。

社會對吾人之要求因吾人之地位年齡而異。如不顧此種要求而專以自己之私心

爲準，必將失却最美之生活

幼童常以服從家規校規爲孺子氣，以能輕慢之者爲丈夫。實則，能服從乃丈夫，不能服從者乃孺子也。

嬰兒不知規矩爲何物。彼祗尋求似有趣之事。遇有自傷或傷人之行爲時，吾人須強力制止，彼自己不知也。

然而，有訓練之兒童不久即可學守種種之規矩，而彼且將終身守之矣。

兒童須學之第一課即係服從，此一課爲彼必學之一課，因服從爲其餘諸課之基礎也。

關於服從，訓練兒童與訓練犬馬無異。禽獸學會『注意』，即可學習種種本領。

非謂兒童須守難堪之規矩也，至美之服從固可從容學而得之，即禽獸亦宜從容訓練之，果而，彼即可以愉快之態度而表演其技能矣。

吾謂服從乃丈夫之事，男女均須能之。汝等或以吾言爲過，茲以學校授課爲嘗以伸明之可也。學生須意教員，而教員似僅發命令而已，但教員之服從固不亞於學生之服從也　如教員無故曠課，汝等對之當作何想？縱汝等願其如是，汝等父兄及學校當局當作何想？然則教員之服從非一如學生之服從乎？

商人時因玩樂而閉其門，醫生時因玩樂而不開診，汝將以爲如何？決不曰，『彼等能不顧他人之需要，能自由如此，眞丈夫也』！必曰，『彼等太兒戲矣！』然則，汝等可知服從乃丈夫，不服從乃小兒也。

成人須服從之條欵有爲幼年男女之所不知者。在船上，諸水手常以船長爲閒暇。船長似乎除發命令外無所事事。不知水手除極險惡之天氣外有工作之時有自由之時，而船長却無時能十分自由也。彼非祗須服從船主而已，尙須注意一切之事情。天氣也，寒暖也，水流也。等等之事無一非彼須注意者。然則，彼既須服從船主及事務之規則又須服從四圍之一切變化也。

四圍之變化旣迫切又無間斷。吾人宜特別服從之。

最要者爲應盡之義務及一切義擧。此爲吾人永不可逃避者也。服從之於人生猶如自然法則之於自然界也。使星辰各在其位。使四時迭次運行均服從使然，人群有文野，亦服從使然。

華德華（Wordsworth）於其抒情詩（Ode to Duty）中云：『君使星辰無爽；最古之天由君而新鮮而健康。』該氏之意即此。

不知服從之人於此由服從組成之世界上輒不能得到悅人之滿意地位也。

第二十七章　愛情與同情

人類社會之結合全賴服從一德，吾人已知之矣。然此種約束僅可謂一種表面之約束，尙有一種內部之約束尤爲重要。此種約束即愛情與同情也。

由上章觀之，吾人已知無人能單獨生活，能單獨爲個人生活，吾人必須依靠男女之世界，現在及過去世界以維持吾人之所以爲人。不見離群之人多悲哀乎？此即明證也，吾人必須他人之同情及愛情始可生活。最酷之形幾無過於長時間之隻身幽階。於豪嫂（Hawthorne）所著七角房（The House of Seven Gables）小說中，克力佛賓欽（Clifford Pyncheon）足以表示隻身幽閉之苦矣。當然隻身獨處有時爲有益之事，長時間之交談有時妨害衛生。但最有害於衛生者固無過於與人群之長久隔離也。

吾常聞一牛，因其伴侶死，而彼亦隨不堪寂寞以至於死。男女亦然，互依爲命也。

世上大約無人一生無人愛之或永無人愛之者。愛有多種，有父母之愛，有兄弟姊妹之愛，有親屬及伴侶之愛。

亦鮮有一生不有愛人或愛物者；惟有愛情不發達貌似麻木者耳。

愛情及同情可視爲一物，強則爲愛情，弱則爲同情，由此面觀之則爲同情，由彼面觀之則爲愛情。然而，有時或有同情而無愛情，或有愛情而少同情也。

不雜愛情之同情常有之事也。吾人對於不相識之人常表示同情，即對於所厭惡之人亦時有同情之感。此種同情固不離有愛情也。

愛情不離有同情似乎不自然。然而自私之人固有祇顧自己而致痛苦於其所愛者也。幼童無不愛其父母者，但因不服從或惡劣之習慣致痛苦於其父母者多矣。

同情以思想爲基礎。人須念及他人或爲他人設身處地，始有同情心。而愛情不然，時屬盲目者，故愛情多殘忍。

吾人皆知人之感情完全相同。然人多不知注意他人之感情也。

人須有『己所不欲勿施於人』之意識。

所以吾人發展個性，須以人爲念。須視人猶已也。

人之關心於他人，有由於愛情者，有由於同情者，由愛情所顧慮之人少，由同情所顧慮之人多。此種顧慮可使上章所述之義務及服從易於作到。

醫生醫人，非祇爲義當如此，非祇爲可以獲利，乃因關心其病而醫之也。幼童遵守父母之命，非祇因爲子者當服從，乃因欲承歡父母而遵守其命令也。

吾人既不可離他人之伴侶而生活，既須受他人之友愛及關注而生活始可有趣，吾人自當以適宜之愛情及精密之同情報之也。

第二十八章　有用

吾人已了解人人結合或應結合於男女之世界，表面上以服從結合之，精神上以愛情及同情結合之　如此則人人均爲社會大團體之一分子。由此數種團結之力又生有一種同等重要之物；即有用是也。人於世界上皆有相當之地位。如能善立於其位，彼對於他人，對於所在之團體爲有用之人。

試看興造偉大之建築，大小工人之工作雖不一，然皆有助於公共之建築也，有搬運泥灰者，有配置磚瓦者，以及木匠，油匠，玻璃匠等等均各有所事；凡此諸工均依合同之條款及工師之計畫而進行，終至大功告成，既便於用又稱美觀。上至工師下至泥水匠，固無一工可省也。

人祇見樹木之美，而不知樹之各部均有助於斯也。根吸取養分於土壤。枝幹具其形體並輸送津液於樹之各部。葉司呼吸，乃樹之肺。花也實也準備種子以繁殖之。極纖微之葉，極微細之根均各有相當之工作以助此公共之生命。

再看人類之世界，凡百事業有不直接或間接有助於社會者乎？醫生，律師，顯宦，牧人，以及各種工人無不於社會上各有其位置。如此等位置空懸無人，則社會之生命必將感覺恐慌矣。

人涉身於職業也，大概之目的在求個人之生活。然事實上，為求個人之生活輒須宣勞於社會焉，猶如花因維護種子之胚胎始得其地位及其滋養也。

純以金錢為自己工作之目的者必不克善其事也。如勞工能以世界之福利為念，其事鮮有不善者，稱之為神聖孰曰不宜。人人應敬其事，應知因其事彼始可為社會上有用之分子。

吾人多願偷閒優遊。如一思之，則知閒散之生活實一種卑鄙之生活也，耗費全世界之物力而不肯為世界宣勞，可恥孰甚！

吾人於自己職業之外，仍應有所事事。如上章所述有愛情及同情之人，必於其職業之外兼有諸多義舉焉。吾等四圍之人多須我助者。如我不有以助之，不太鄙乎？即人無助於我而我亦須助之。因助我者，我未必報之而我固可轉施於彼也。

學校即學生工作之地。學生於此可謂正在預備出世之工作，與嫩枝之預備負載花實無異。

即當此預備時期，助人之機會亦不少焉。於家庭間，於學校間，無處不有助人之機會；精神正直之人無不以助人為快者。祇受人惠而不肯助人者最可恥之人也。

第二十九章　真誠

自制為斯多噶學派之基本主義，追求快樂為伊畢鳩魯學派之基本主義，而基督倫理之基本主義即愛與勞也。

吾人已知人之所以能團結者端賴服從，愛情，同情及有用。由此四者又產出數種美德及惡德。玆試述之。

此種美德中之最著者即眞與誠。與眞相對者爲說謊，與誠相對者爲欺騙。

社會與宮室無異。宮室之根基堅固，木材完善，宮室必堅。不可靠之人之於社會猶朽木之於宮室也。

偷工減料，工未竣而傾覆。此常事也。

工之不堅爲害已甚，而作此工之人其爲害於社會者尤甚於其工也。因彼本身即爲朽木之材，彼使社會傾覆固無異於朽木使屋宇傾覆也。

所以彼不可靠之人乃摧殘文明者，猶如美洲之印弟安人漫游於殖民地而時思搶掠也。

對于盜竊人物及暗算人命者，吾人何等鄙視之。而好欺騙人者與盜賊固無異也。

有多種欺詐爲法律所不能禁者。施行此種欺詐之人其罪過之大尤勝於干犯法律之人，因彼利用保護社會之法律反而戕害社會也。

學生使用欺詐之手段于游戲實破壞此游戲也。游戲之目的不在勝負。勝負之意義祇在使游戲加趣耳。合乎規矩之戰勝及合乎規矩之運動始能致游戲爲極美者。所以于游戲時使用詐術之童子即與社會上之騙子無異也。

游戲時舞弊之學生自己置身于團體之外而破壞此團體；俟其成人涉身處世也，彼亦必如是，亦必自己獨行其詐以破壞其所在之社會。

說謊爲不忠實之一形式，爲不忠實最劣之一形式。如吾人之言語皆不足信，試思世界將爲何等之世界也。

說謊之目的有二：有因欲取非義之財而說謊者，此欺騙也；有因欲自掩其過失而說謊者，此怯懦也。

欺友乃卑鄙之事，自欺尤卑鄙也。有勇氣之人對於自己之行爲永爲負責任者，

過則不憚改

最卑鄙之欺詐乃將自己之過失嫁之於人也。此種卑鄙之事亦時見之，惟我不屑言之而已。

善者可直呼之曰善，惡者可直呼之曰惡。若能如此，吾人之過失或可因而減少焉。

於說謊之前，如想，『此乃謊言，我若說之，即爲說謊之人』；於欲有不忠實之行爲時，如想，『如我爲此，我即非忠實之人』，果能如是，謊言詐行必可減少許多也。

第三十章 和藹

性格暴戾之人有害於社會之基礎，其爲害也一如言而無信行爲狡詐之流；所不同者，一則公然爲之，一則密秘爲之；一則與個人宣戰，一則直向社會之基礎施以攻擊而已。

忿怒永爲悖謬者，然有時亦有當怒不怒之失。何時宜怒？曰爲保護社會而戰之時。當怒而怒之人吾人不稱之曰怒，吾人對於性格暴戾之人始曰怒也。

如見野蠻之兒童欺凌弱小之兒童或虐待可憐之鳥獸而發怒，此怒乃自然之正當感情也。吾人見巧之欺拙，智之欺愚而鳴不平者亦此也。

因受欺及受虐待，吾人亦有時發怒。

此種怒乃天然防衛之本能，藉以爲人或爲己防禦禍患也。

雖然如此，而怒之一事仍『是少而非多』。職是之故，故常以怒爲非也。

易於發怒者失德也。人多因細微之事而怒。彼等總以他人之所作所爲均含有惡意。彼等永以自己之感情及權利爲念。

此種忿怒乃自私之形式也。彼怒之由來，大半由於思想上總以自己爲前題，人之一舉一動總認爲與自己有關之故。一言以蔽之，可謂由於重視自己輕視他人也。

吾人須知忿怒常爲不公正之觀察者。言過其實者無過于忿怒也。忿怒時之觀察猶隔放大鏡之觀察，更似隔不規則之鏡之觀察，所見之事物均與原形相去甚遠也。人應明辨事務之是非及事務之偶然。無意中而行至犬身，犬尚知其爲無心之錯而不發怒。此乃常見之事。犬且如此而人獨不能乎？吾人作人之最低限度亦須如犬。

人當忿怒之時則性大氣高，故忿怒常有過甚之弊。古拉丁語有云『忿怒乃一時之瘋狂』。兒童見人盛怒時，常呼之爲瘋，亦類是之語也。

爲怒所使者不克自主之人也。彼不知其所云及其所爲。彼失其知覺及其精神。彼不復認識四圍之景物。此種人自以爲豪氣萬丈；實則，非恐而可笑者乎？

忿怒常無理性。於忿怒時，吾人常指擇他人或自己之好友。一時間祇見其過，猶法官之代人鳴不平也。惟此罪犯無辨護士，吾人宜想，『原告之辭果屬實乎？此人果如是之惡乎？此人相識已久，果無可取之處乎？』

怒氣常不易平消。當怒氣方盛之時，人多不能細察；但少待之後，應能平氣而作詳細之觀察也。

向友朋發怒之時，汝固知自己之怒爲暫時之事。汝可以將來之和好爲念而平自己之氣。

所以人須學恕　吾人宜知觸犯我之行爲非如我臆斷之甚也；此觸犯我之行爲亦決不能代表有此行爲者之人格也。即不克如是，亦須以旁觀之態度作一次之觀察。

有天然易怒之人。如其任情逕行，勢必至於不可挽救。彼嘗用以上所述之種種方法自行訓練；如此，則兼可獲得相當之自制力也。

和藹之益似不必再講。和藹不祇使人我之關係良好，且可使自己之利益安全，暴躁之人不祇有害於人，且有害於自己者尤多。

第三十一章　恭敬

於本書之初吾等即知『道德（morality）』及『倫理（Ethics）』二字之意義原

係風尙習俗或舉止之方式；且知此等風尙或舉止之方式于思想上即爲人類生活之依據。現時舉止云者，祗指生活表面之關係而言。吾人云某人舉止適宜，意即彼知良好社會上之風尙也。然而，舉止適宜之人其道德不必高尙，而道德高尙之人其舉止亦正不必適宜也。亦有兼有高尙之道德及適宜之容儀者。

如道德及容儀二者不可得兼，當然捨容儀而取道德也。小人有優雅之容儀，適足助其爲惡。于此情形之下，吾人因其以容儀爲面具而更厭其爲人也。

但吾人於斯二者之間無加以選擇之必要；優雅之容儀雖不可與高尙之道德爲匹，然亦永爲可喜者。

有數種不雅之容儀，除故意應用之外可謂毫無關係。其病即在不雅觀，令人貌似粗野而已。

至友人處而不免冠，不過表示不知禮而已。

倨傲不遜，粗而無文，均爲人所不喜；但少爲留意，此弊即可免矣。

幼年人時以注意此事爲慼。我方少時，師長強令我學彼之言談舉止，我以爲可笑。但現在我十分感激焉，因彼已矯正我許多劣習也。

倘有一種高尙之容儀尤爲緊要。此容儀即恭敬是也。

遇人恭敬即係自重。吾人已知人須自重；而重視人亦一樣重要也。

恭敬之習慣乃一件高妙之外衣也，可維護自己之人格不爲他人所傷；可維持生活之安寧不爲他人所擾。

幼之遇長，恭敬或爲最切要者。在吾人日常生活上，恭敬殊屬欠缺。幼年男女與其父母兄長交談之時，往往用極粗之俗語，可謂失禮之至。即於朋友間，亦不宜談吐過於粗俗也。

生客相遇，如稍有通候則化除諸多生疏也。於歐洲大陸，搭電車，火車，或置身客棧，或路上相遇，幾乎無處不有相當致候之語。於此一端，美國實不可望其肩背也。

男子恭敬婦女亦高雅之事，吾人决不可忽視之。

婦女對於此等敬意，常以倨傲之態度受之，殊非所宜。男子代婦女置椅之時，如婦女以自己應得如是之優遇隨默而不謝，則男子必感不快。婦女此種劣習在美國已有使男子減少對於婦女恭敬之傾向。

對於同伴宜有相當之恭敬。即學生於游戲時亦應互相恭敬也。祗知任意而不顧他人乃最劣之習慣。在相當之時機，『謝謝』及『請』即於極密切之朋友間亦不失爲合適之言語也。

家庭之中，恭敬其尤要乎；因在他處，人不若是之擁擠也。所以家庭之中最須藉恭敬之保障以維繫其安樂。

恭敬非僞物，乃善意之表示也。粗野及無禮雖有時由於愚昧而然，但大多數爲自私之表示——因自私之人不以他人之感情爲念。

第三十二章　游戲場

關于游戲而談義務似屬不經，游戲最悅人之點乃在脫却義務心。學校生活須注意何者當爲，何者不當爲，無處不有規矩，但於游戲場即可離規矩而自由矣。實則，游戲場亦有規矩也。游戲亦有規矩；不可犯之過失亦有相當之規條以繩之；惟自大體上言之，於游戲場似可自由而已；而此種自由亦確可謂大有助于游戲之興味也。

個人感覺能爲所欲爲誠快事也。游戲之趣味與不羈之馬隨意跳躍所得之趣味同。

吾不欲擾亂汝等游戲時所得之自由。因游戲場爲如此自由之地，世界上無時能令人表示其爲人一如彼于游戲之時，此時彼無須守規矩，彼已放肆矣，于是彼之特性可得而見焉。

游戲亦自成一小世界也，人世之諸多道德及缺陷可于此地見之。我時想世界之事多有類似正式之游戲者。實則，兒童之游戲固係大世界之小影也。

游戲場上可表示自制力之強弱。有學生于游戲時動輒發怒，致爲同伴所不喜。此等人常破壞最有趣之游戲。

游戲時致人發怒之機會亦多。比賽失敗非快事也；然比賽中必有失敗者。最不快之失敗爲因自己隊中有弱者所致之失敗；然而比賽之失敗正多如此。人常以爲對方之技術非高妙者，於是易于歸罪自己之弱者而對之發怒。

對于游戲之規矩亦易起爭端。

許多游戲最易傷人。而被傷者亦極易對于致傷者鳴不平。總之，游戲之事令人發怒之機會甚多，决非一時所能盡言者。好爭吵之學生于游戲場最易以其易怒之性情示諸人也。

氣質悦人性情温和之學生亦有同樣之機會以彰其美德。能于游戲時永爲和藹者。其自制力必強，彼已藉此游戲之經驗準備入大世界之游戲場矣。即在最激烈之爭鬬中亦宜鎮定；動輒發怒永爲失宜。吾嘗見群兒將戲，一兒呼曰，『不能鬬而不怒者，請勿加入。」此明哲之言。余不能忘矣。

有許多任意妄爲之人。不顧他人之意見如何，非如自己所說者不可。希臘，羅馬有暴君，而游戲場亦有暴君也。

有時此等暴君因其體軀之強壯或同伴之畏怯而得遂其所願。有因其體軀之弱小亦得償其所欲者。如彼等不克爲所欲爲，則擾亂大衆致不得安，故大衆爲安靜起見輒依從其意。在彼自以爲得計；實則，如知大衆以小兒視之故此相讓，能無愧恥乎？

自私之暴露不一其端。不以他人之感情爲念，祗尋求自己之所欲，有功歸己，有過歸人，均自私也。

稱譽及寬厚予游戲場亦時見之。較弱之游伴，新來之游伴，均須照顧。爲受欺者輒不平，游戲時此等機會不少。遇有不幸者，應有寬大之同情

忠實及欺詐于游戲時亦可見之（一）。鬪技猶作事也，可以行詐可以忠實。吾人常曰

，『玩的好（fair klay）』此語極鄭重也。于政治上及其他事務上常聞人云，『此人『玩不好』，蓋此語已用作人事之標準矣。即此，游戲之價值可想而知。

游戲仍可見勤奮及懶惰，留心及慢怠。

關于以上所述各點，男女學生於游戲之時均將其將來之爲人作一清楚之表現。當拿破崙肄業於武備學校之時，一日群生習戰。一隊守城，一隊攻之。拿破崙爲攻擊隊之領袖。戰爭方酣之時，參觀者至，於是號角頓鳴。守城之學生轉其視綫於參觀者。拿破崙之精神無時或懈。彼利用對方失神之機會，率領隊伍竭力進攻；俟對方發覺而彼已下其城矣。此非將來戰必勝攻必取之拿破崙之表現乎？

汝等或曰，『於游戲時，我不克顧及種種也；如以此爲意，何克再享受游戲之樂耶？』誠然如是。然汝等可於事前思之，且須立意何者當爲，何者不當爲，如心誠意肯，屆時於無心之間即能如是。（二）如屆時，事與願違，汝可銘心勿忘，下次定可成功也。

（一）參看第二十九章。

（二）於良心一章將詳述自制力。

三十三章　趣事（Fun）

『趣事』一語在幼年人用之含義殊多。據我所知，任何適意之事均可謂之趣事也。當然上章所述之游戲可謂趣事。

於茲，余將講述正當之趣事，狹義之趣事祇指『有趣（fauny）之事而言。此『有趣』一語為用頗泛。於普通言語上，凡稍為動人之事輒謂之有趣；有時即事涉悲哀，亦謂之有趣也。

質而言之，惟可笑之事始可稱為有趣也。於此章我所欲言者乃可令人解頤之事或可引人發笑之行為。

於和藹純潔之嬉戲上吾人常獲得喜悅與爽快。與嬉戲相對之事即莊重。人無趣味則無往而不莊重，無往而不莊重與人無益也。如精神時時緊張，不亦太勞乎？

美總統林肯極愛趣談。彼勞於當時之戰爭，如不有趣談以調濟之，彼將不待戰罷即衰弱不堪矣。

能對自己之失敗及不良之遭際而觀察其滑稽之一面乃極爲有益之事，人所惋惜者，我則一笑置之。人所牢騷者，我祇視其可笑之一面而認爲趣事。如此而不得安康者未之有也。不善解脫之人其生活如坐馬車永不得有跳躍之活動者。極微之震動亦可使之不安焉。

遇他人錯誤之時，亦應察其可笑之方面。吾有女友，其園丁殊拙，彼疑其園丁所植之球根何故倘不發芽。隨掘而視之，始知彼均倒置其球。吾女友當然不欲其如是；但彼玄想將來此球或竟發芽於地球彼面之中國，俾中國人一開其眼界，而彼對此錯誤隨反感有趣焉。

趣事本爲極有益之事，但亦可爲極不佳之事。

其爲不佳之情形有二，

一，趣事太多則不佳，

遇事皆鄭重故爲無益，遇事無鄭重之時尤爲無益也。人事之重要者無不鄭重；如遇事祇看其有趣之一面，即失人生之眞義。此等人不啻隨風之轉蓬，於世何益哉？

二，趣事之根據不正當即爲不佳

於討論英雄一章吾人已知觀其所崇拜者爲何如人即可推知彼爲何如人，觀其興趣所在，亦可推知其爲何如人也。

致他人痛苦以爲樂，或見他人之禍災以爲樂，此樂乃不佳之趣事也。

野蠻人時有以虐待囚人爲樂者。幼年兒童亦時有以虐待昆蟲及弱小動物爲樂者。

如吾人無同情心，則舉凡世界上之困苦顚連幾無不可爲解頤之事。如衰老殘疾等等均將視爲取樂之材料矣。

類此之趣事，在富有同情心者觀之，即將盡化爲可憐之事矣。

一則，遇有受苦之人，吾人極應憐惜之，豈可反加取笑乎？二則，吾人須知受苦者如見人取笑，彼之痛苦勢將倍增。

有同情心者絕無幸災樂禍之事，幸災樂禍者必鐵石其心，殘忍其性。彼等自與古時之野蠻人無異。

有同情心者決不以取笑而苦他人。

乖巧之人常以譏誚他人爲能。如以其譏誚之語而反之，彼能無愧怍乎？

有善心之人永不尋趣於他人之所苦。

吾嘗讀一故事。有一幼童與師偕行，彼見一工人，因忙於工作而置鞋於墻下。該兒曰，『吾等可藏其鞋，且自藏於墻後。窺彼工作後尋鞋不得，因而發躁，不亦有趣乎？』師曰，『我可使之更有趣也。請於鞋內放錢少許。俟彼尋得其鞋又於無意間發見其中之錢，其驚喜又將何如耶？』兒即如命。至工人得鞋及錢之時，果大驚喜，而此兒亦償其求趣之願。

設計作可驚之事以悅人，勝於作可驚之事以取厭於人。

我既不可以取笑而致他人不快，又不可以他人之取笑於我而介介於胸臆。

有見人笑於我而自己隨怏怏不樂或竟至發怒者。有最喜訕笑人而反怕人訕笑者。

敏於此種感情者脆弱之人也。此類之人常為人所不喜。吾人固常互有友愛之取笑；如永不肯作此友愛談笑之資，則時有破壞同座之歡之虞。

吾人決不應時令友朋以吾個人之感情為念。『吾人有時取之，有時與之。』此乃最有價值之格言。於嬉戲及於社會上一切之事務上，均時應以此言為念。

有一種不正當之詼諧，即非禮之詼諧也。人多以出言不遜為能。實則卑鄙耳，何能之有？

仍有一種詼諧，其目的在褻瀆他人之所崇敬。有人以作此等詼諧為智為勇。不知此亦下賤之詼諧，固無所謂智所謂勇也。此類人祇表示自己之卑鄙而已。思想正大之人決不如是。

于此可知，思想正大之人絕無此三種詼諧，不和善者，非禮者，及褻瀆者。此種精神上之游戲與其他之游戲無異，亦有益于人生也。其性質亦與其他之游戲無異，亦須和善，純潔，亦須時而為之。用之得當，則大有助于吾人之工作也。

三十四章 友誼

凡與我有關者，我固當敬之，社會生活固當參加，然吾人決不能有同等之關係也。于是社會上又有朋友組織之小團體焉。

友誼之成因不一，大概所謂朋友者乃由于機會之作合，或由于事業上及游戲上之特別聯絡所致，此等朋友類多互者愛悅。

有以彼人諂我，隨以爲友者。此種諂媚有直接間接之分，公然稱道爲直接之諂媚。迎合心理爲間接之諂媚。自爲受辱，有助我鳴不平者則喜之。自己所好，有向我表同情者則喜之。暴君之友不外如是。幼年男女亦正多如此，但思想正當者必以此爲可恥也。

眞正之友誼建設于二事。

一爲愛悅，一爲敬重。

相得之時互爲愛悅。氣味旣投隨愛同游矣。然眞正之友誼不祗此也，愛悅之外猶須恭敬焉。就幼年男女而言恭敬，似屬不適。汝等大概以恭敬爲幼者對於長者之事。不知幼年男女亦如成人之可敬重也。

某日一婦人搭坐電車。車內有一數齡幼女，見之卽爲讓座。彼曾坐于其父之旁，其父早讓座於他人。當彼起立滿面笑容目視此婦之時，吾以其和善合理之舉動固十分敬重之也。

誠實勇敢忠厚可靠之幼年固有敬重之價值也。請試思汝之同學，汝不以某人可敬，某人則否乎？汝所敬者亦與他人一樣有趣，惟於有趣之外仍有物耳。吾人欲得如是之友也。彼不僅善與我玩樂，且能助我於困苦之中，誠可敬之朋友也。

所以吾人應擇所敬重者而友之，且應令自己之行爲有被朋友敬重之價值。於人生興味有助之事固無論過乎友誼者。然友誼中亦有相當之義務焉。玆略述之。

吾人應忠於友。此種忠心可於多方表示之。人謗汝友而汝亦隨聲附和以謗之，此最卑鄙之事也。人嘲笑汝友而汝亦從而嘲笑之，亦卑鄙之事也。汝友被謗或被嘲笑之時，汝當力爲辨護力爲剖白或竟代鳴不平。朋友之利益吾當保護之，朋友之計劃吾當贊助之，此即忠也。

人不宜嫉妬其友。嫉妬之由來不外於斯二者。

一則因欲彼祇爲我之友而隨生嫉妬之心。有見其友猶有他相知則感覺不安者，因恐其友對彼之心不專也。彼不知其友之交游愈廣愈爲彼有價值之友。

猶有一種嫉妬，乃最難免除者。此乃因朋友進展較我爲速，而自己隨生一種不快之感。因朋友常爲並駕齊驅者，所以匹敵之感最易發生也。嘗見一人讀報，突然笑容可掬。適値彼友入室，睹其狀而問曰，『君有好消息乎？』答曰，『未，此乃不利於君之消息也。』此種情形於朋友間固係常見者。

眞誠之友當不如是，應以朋友之喜爲喜，以朋友之憂爲憂。此種不自私之同情始可謂人類最高尙之情也。

眞誠之友見朋友有難而自己所感之苦猶過於自己有難也。自己有難，可勇於當之，藉以減輕其苦。但朋友有難如仍以此種心理對之，即時有不適之虞。吾人遭難時，吾友必表同情焉。是時也吾決不可以鎖碎不平鳴而重其憂。遇有災難，應示人以勇壯，决不可飲泣而怨謗也。自以爲輕而他人或即以爲重。自以爲重而他人或即以爲輕。

遇友以誠。應以自己之爲人公然表示之。否則，汝友將不知汝爲何如人，又何從能敬汝愛汝乎？

朋友有過，宜以誠懇之態度規勸之；不然，不足爲友也。

自己有過，朋友勸之。自己宜歡然領受且須感謝。較之朋友尤爲可貴之寶物殊少。能指示我之過錯且能與我忠告者祇我友耳。

以光明之態度竭力效忠於友固屬當然，但決不可助其爲非而辨護其過也。

嘗聞有極口稱贊其朋友者曰『吾友某君決不作不光明之事以求其友之歡心。』

於學校於校外社會上負務無異。學生輒爲所親善之同學說謊及作不正當之事。不知眞誠之友決不求人代爲掩飾其非也。如拒絕此無禮之請而朋友見怪時，汝可以此詩答之。（一）

『吾不能愛君逾於愛光榮。』

(一)Lovelace, "To Jocasta, On going to the War。"

三十五章　家庭

朋友外又有家庭中自然結合之人。彼等亦當然爲最相親愛者。

禽有巢獸有窟，一切動物幾乎無不各有其家者也。

家之爲物幾爲一切動物認爲爲世上最佳之處所。黃昏時候鳥雀歸巢，何其歡也！如有人接近其養育小鳥之巢，彼又何等恐惶也！人近獸窟而獸將何等凶猛也！能激動動物之恐惶及忿怒者殆無過於擾亂其家之安寗乎！廐雖凄涼而馬却亟欲歸廐，此亦一明証也。

人何獨不然，亦視其家爲世上最佳之處所也。余意凡善歌者無不知此歌也，其疊句爲。

『家乎，家乎，甜美，甜美之家乎。』"Home, home, Sweet, Sweet home。"

動物雖有家而其與家之關係却與人不同。

試想鳥雀之關心於其雛也爲時甚短，而雛不久亦即互相忘却且忘却其父母。雛出世之初，少作暫時之集合，而老鳥亦善爲照顧。飼育之保護之，有時爲之戰，有時爲之死。但爲時不久，小鳥之毛羽即豐，即名自遠揚。至相當時期，此等小鳥亦即自行營巢育雛，是時彼等尚能否認識其兄妹父母，則爲不可知之事矣。

人則不然。兒女非有家庭多年之養育不克自立也。既其能自立之時，雖于不同之處各有室家，而彼等却仍然相親相愛且愛敬感激其父母焉。

人常對於其兒童時期之家宅永認爲爲世上最可愛之地；於相當時節如能一歸省其家，則多認爲爲莫大之幸。

兒童須有長時間之家庭養育，此種事實爲民族史上極重要之事，此種長時間之家庭養育乃使兒童有涉身社會之能力之惟一方法，假設人類家庭養育之時期甚爲短促，一如鳥獸之易于離其巢窩，人類將永不克由野蠻而文明。家庭實爲世界之文明源也。

吾人已知同情，愛情，服從，及信實均爲世界上之要德。然此數惟於家庭中學習之爲佳。

吾人由於愛父母兄弟姊妹之習慣，始知用此情於他人。由于服從父母，始有服從之習慣，于是對于社會法律之服從自爲易事。然則人類之所以漸趨于文明者非家庭之力乎？非長時間家庭養育之力乎。

家庭生活既如此有益，如此可愛。吾等當然對之有相當之義務也。玆試述一二。

家庭既爲世上最悅人之地，家庭之人即有使其如此之義務。無禮之舉動與談吐于他處固應避免。於家庭則更爲不適。

家庭固爲悅人之處，但亦有不悅人者。其所以如此者，因其家庭之人不努力使之悅人，各自爲謀耳。

有人於他處較之于家庭間爲和善，爲恭敬者。與朋友交談則和顏悅色，與家人交談則聲色俱厲。對他人則恭謹，對家人則乖戾。

有在家祇顧自己者。終日不言不笑。但于他處彼竟或十分活潑也。

吾人絕不當如是。于家庭中應較之于他處尤爲恭謹，尤爲謙遜，尤爲活潑，尤爲勤勉也。

實則，惟于家庭間能謙恭之人方眞能于他處謙恭也；于家庭不能謙恭之人即于他處貌似謙恭，亦祇勉爲之耳，此等謙恭與衣服何異，固無益于人格也。

有在家則襤褸不潔，出門則衣帽楚楚者。吾意不然，在家亦應事事整潔也。

汝等或疑，『世界無處可隨意動作，隨意談吐乎？無處可爲本色之人乎？』

然汝等試思，汝究爲何如人？究欲爲何如人？當汝暴躁，薄情，不豫，或固執之時，始爲汝之本色乎？抑當汝和藹，謙恭，一言一動而致他人感快之時始爲汝之本色乎？當然後者爲汝之本色也。

如我所述之此等生活于家庭有利益之處二，一，能令家庭和歡，二，能令兒女快樂。

能于家庭維持如是之生活者，涉足社會之時，不須裝態作勢也，彼高雅之舉止已爲其人格之一部矣。

然則家庭固可使青年文明也。使之文明即使之知禮也。不知禮之人非野蠻乎？家庭乃自然學禮之處。于家庭不學之，于他處亦須學之。

于服從一章余已言之，兒女宜服從其父母。此爲兒女之第一義務。如父母所命者有時確爲非禮，自當別論。

爲兒女者仍應助父母。應由愛父母之心而助之，不應以義務視之也。男兒或代爲汲水運柴，女兒或代爲縫紉照顧弱弟幼妹，均不應表示不欲爲之之意。兒女爲家庭應熱心于此。惟此種熱最能得父母歡心也。

有時子女所得之利益爲父母所不能得者，此等利益應用之於家庭，使家庭更爲可愛，更爲幸福方爲妥當。

兄弟姊妹可互助之處甚多。此種關係當係人生最有趣最有益之事。女兒輒較男兒爲温良爲整潔；所以彼等能感化其兄弟更爲温良整潔也，于必須之時，爲姊妹者如能肯切忠告其兄弟，常可收到極美滿之效果。

極著名之博物家達爾文（Darwin）嘗告人曰使彼仁愛者彼之姊妹也。當其幼時，即研究自然，常搜集許多鳥卵。由于其姊妹之感化，彼不忍無故傷害一物；常僅取一卵于一巢，恐老鳥以盡失其卵而悲鳴。

幼年之男子常以幼年之女子有多方優于彼等者；此種心理于男子一生不無重要之關係，爲姊妹者于最低限度亦應使其兄弟不失却此種心理也，女子祇依其本性即可爲此；不必驕居其上，祇能眞誠，和善，同情足矣。

爲姊妹者宜樂意幫助其兄弟。男子多不善于細事。如揑針引線，于女子固爲常事，而男子多不能者，遇此等事，爲姊妹者宜竭力助之。

爲兄弟者亦應幫助其姊妹。男子之體軀較女子爲強，遇有費力之事自當助之，不惟助之，且須表示願爲服務及勇于服務之精神。

如兄弟姊妹能互助如此，尙有不快活之家庭乎？

人生如能交一友可以談心可以得助一如兄弟姊妹者，終身快事也。

余知兄弟姊妹間之關係時有不如是者。如失却此種關係所生之快樂及利益，誠爲大不幸之事。果如此，必由一人之過錯所致。務望汝等留意自己有過否。

三十六章　學校

由此從一章觀之，學校乃學生作業之所。茲就學校有數事須說明之。

一則，學生須照例到校。學生除有特別重要事務外，永宜在校。譬如書記時常無故擅離職守，汝將以爲何如？

照例到校乃練習守常規之惟一方法。不有守常規之習慣，決不足有大作爲也。不照例到校且有碍於自己之學業，以其隔斷前後功課之聯絡也。

宜永守時間。鋪店機關之職員不守時間，汝等將以爲何如？不以此類人有被退之虞乎？

守時間之習慣最爲重要。如欲確能守時間，非先養成時間之習慣不可。而習慣之養成，惟遇事落後之習慣爲最易養成；而習慣之可厭，亦惟遇事落後之習慣爲最可厭。

譬如約會六人。依指定之時間計算，彼遲到十分鐘。是則彼虧費大衆一句鐘矣。

學生誤時，亦虧費他人之光陰也。且彼狼狽入室，不擾亂大衆之注意乎？

入校時，衣服永須整潔。衣服不整，手面不潔之職員不久即將被其主人所辭。學生衣服不整，手面不潔，不惟惹人厭棄其自己，且令人厭棄其家庭也。聰明者孰肯如此？

學生須誠實光明。有借用他人鉛筆，紙張等等而不之還者。有存用學校之圖書及器物而久假不歸者。有犯過失而強辨者。凡此均爲不誠實不光明之事。

于學校之內宜注意工作。書記不守賬簿而作無爲之圖畫，或與他書記作無味之談笑，試思彼將何如。吾知其主人將告之曰，『請往他處自由娛樂可也。』

前已言之，學校乃學生作業之地，學生于學校工作，純係爲己，非爲人也。父母及朋友均關心汝等于學校內之成功，因此種成功可使汝等有將來于社會上成功之資格也。

然則，如于學校內成績不良，父母朋友對于汝等之失望將何如耶？汝等勉之哉！

汝等或聞法國科學家拔司特爾（Pasteur）之爲人。美國被瘋犬咬傷之人多就醫于彼。彼發明瘋犬咬傷病之原因及性質。此種發明亦大有益于人類。當彼爲學生之時，彼不喜讀書。釣魚爲其所特好者。嗣後，彼知其父非富人，令彼讀書確爲不易。于是彼始埋首研究，終克有成。彼之成功非其孝心使然乎？汝等父母望汝等成功之心正切，幸勿令其失望致自己有虧孝道也。

學生有時視師長如寇仇。于英美諸國，當教員者稱爲『男主人（Master）』或『女主人（Mistress）』，于是學生即感覺自己有似奴隸之處。實則，教員祇爲學生工作耳。彼乃學生之扶助者，其爲學生所服之務爲不可泯滅之功勞也。

嘗聞某大學常有學生盜去校鈴而藏之之事。其意乃一面取笑，一面可爲不照例工作之借口，於此種情形之下常發生無爲之紛擾——檢查學生也，尋求銅鈴也，懲罰肇事者也。一次失鈴，該校長向學生曰，『諸君，此鈴專爲汝等之方便而設。于吾等彼固爲可有可無之物。彼可助汝等早起，助汝等依時工作。如汝等不欲有鈴，盡可棄之。但當起床之時或上課之時，均不得借口無鈴而誤時。』于是不久，即有學生送鈴于原處。

學校之規矩均猶此鈴也，均以幫助學生爲目的。故爲學生者宜守一切之校規；否則，即自作孽也。

吾知學生爲活潑好動者。吾知戶外之陽光媚人，戶外之游戲悅人，吾知學生之神魂時有爲之向往而不獲已者。此種情形實令青年難于專心致志于其無價值之學業。也事實既巳如此，欲求補救，能無嚴厲之校規乎？然則，校規者乃助學生作應作之事及不得不作之事之物也。

試思爲求知識而苦學有多少。

威廉柯璧（William Cobbett）英政治學之著作名家也 彼少時當兵。日薪六辨士。彼自述讀書甚苦。當需用筆紙之時，須減膳菑錢始可得之，雖飢餓不顧也。船上，陸上，彼惟一讀書之處即其臥榻之邊。冬夜則以爐火代燈。汝等于學校內所研究者彼即如是研究之；彼所最愛者爲英文文典。

林肯當律師之時，爲學歸納推論而暫時休業以習數學。

查利士吉木司佛可司，英政治家也。當彼位居總長之時，有譏其書法拙劣者，彼于是描帖一如學童然。

于此種困難情形之下讀書者多矣。學校內有書籍，有時間，有幫助，舉凡於學生作業上稱爲必須者無不具備。然而，學生猶以爲苦，誠不知何者始可謂之不苦也。

三十七章 愛國心

愛家爲自然之事，愛國亦自然之事。家雖極貧，人尚愛之；國雖極弱，人亦不忍棄之。歷來無一國之國民不欲爲其國犧牲者，否則，其國將不國矣。

此種感情乃自然之事，因其所住之城鄉無異于家，與其個人之生活均有不可分解之歷史也。孩童時期之嬉戲，對于父母之愛情，對于朋友之好感，一切之快樂，一切之悲哀，一切之活動，等等無不與鄉土有關者，所以對于國家所發生之感情乃一切感情之集合體也。

對于國家之愛情即稱之曰愛國心。

愛國不獨爲自然之事，且爲正當合理之事。舉凡令人生舒適之事幾無不由于國家而成。吾人固應感激之，固應愛之也。

試思國人之中爲吾人奔忙者多少！建築鐵路，開辦學校，設立教堂，辦理郷局，闢土地以殖民，造船以運貨，製法以保民。吾人得安然而息，安然而學，安然而貿易者均賴此國家也。

然種種事業之代價實爲國人之艱難困苦及其生命。吾人所以有國可愛者因爲有甘心爲國犧牲之愛國志士也。

美國人尤宜愛其國，因其國之設備較之各國尤爲完全也。世無他國之人較諸美人尤爲自由，尤爲舒服者。

吾美人不分階級，俱可投票選舉宰治者。此種舉動在吾美人視之則爲自然之事；幾不知其爲非常事，爲他國人所羡慕之事也。

此種自由亦漸爲擴大，但大半係取法于我國耳。

吾人之自由及由自由所得之幸福均有極大之代價也，世無他國其爲國犧牲爲國捐軀之英雄較之美國爲尤多者。

當七月四號金鈴鐺鐺及砲聲隆隆之時，請勿祇以熱鬧多趣爲念。務須紀念彼等爲求國家之獨立甘願犧牲個人一切之人。亦勿祇想念彼等，仍須想念于其他時爲國家犧牲之人，仍須想念起初受飢餓爲吾等闢地之祖宗。

此類英雄擢髮難數。然有一英雄，其姓命雖已平庸無奇，但彼確爲一極大之英雄，且爲品格極高之人，吾知汝等知爲華盛頓也。全世界上，彼可爲光榮，勇氣，智慧及愛國心之代表。汝等決不可以其姓名陳腐而隨忘其爲人也。

當此革命戰爭結束之時，華盛頓手握兵柄，且受全國熱烈之擁戴。如願爲王爲帝，固爲易事。但彼竟安然放棄其一切之權利，致使此文明世界萬國稱爲奇事。彼爲總統一次，嗣後則以平民終。自吾等觀之，此固不足爲奇，但實乃奇事也。彼所以得享無匹之名者即係于此。

於維繫美國統一及釋放黑奴之戰，汝等未及見之，故汝等對於此戰之英雄不若吾等目覩者認識之詳也。青年人拋棄一切，誓不生還；老年人送別愛子，幾如永決。此皆爲愛國而然。汝等於此紀念節（Memoriae Day）必以此爲念，决勿僅視爲一有趣之放假日而已也。

太平之日亦有英雄；征服荒野之人，維持公道之人，舉辦有益及高尙事業之人均英雄也。

然則，吾人均應爲愛國者，均應愛此無數英雄捨生所建設之國也。

但愛國一事非祇愛之誇之而已，猶須爲國家盡義務焉。吾人享受國家之所賜者多，不應有以報之乎？

有不欲爲國家受毫末之苦者，此輩不配生活於國內也。

有事業興隆，生活舒適之輩，彼等受國家之利益較他人爲多，但彼等竟常以投票爲煩勞而不投，寧令其城市不治亦不肯屈尊以投之。此輩有虧於國家者多矣。

於選舉時賣票之人亦不少。試想吾人自由之代價非無數金錢乎？非無數高尙之生命乎？再想世界多少地方羡慕吾人之自由；然竟有以此難得之自由爲一賣票賺錢之小機會者，其愚而無恥誠不可及也。

猶有甚於此者，即于選舉時用更卑鄙之手段以圖較大之財者是也。彼等先買票而後高價賣之。純以賺錢爲目的；國家之禍福如何在所不顧。

仍有玩視法律者。彼等敢冒一切之法禁而實行搶掠。

仍有以蠱惑人民爲事者。彼等唆使不同之階級互爲爭鬥，藉作自己進身之機會。

凡茲所述，不外欲讀者立志于成人之後爲優良之國民，爲愛國之國民耳。

愛國之道固多，決不僅限於以上所述者。

各種私德，如誠實，勤勉等乃最有助愛國之道者。凡可使人聰明良善之事均有益于國家也。

爲國家作大量犧牲之時期恐將復至。犧牲金錢，犧牲生命，犧牲一切之可愛者，總之其犧牲之大恐將不亞於往昔。如其至也，務望勇以當之，幸勿辱我先代之英雄也。

現在之幼年男女將來即爲國家之司命者。請服務國家，干衛國家，並竭盡其力以增進國家之福利，是所至囑。

第三十八章　爱物

吾人已知和善及同情爲對人之要道，對於不會談話與人有益之獸類亦應和善，亦應有同情也。

獸類受苦之能力正與人同，但人多昧於此耳，如人能體察此意，或將不復如是虐待之矣。

嘗聞一幼年人曰彼孩童時，最喜加痛苦於小動物焉，待有人告之曰彼小動物痛苦難堪，此種行爲殊爲殘忍，彼隨以爲懼而不復爲之矣。

吾人應善視動物之理由甚多。一則，動物幾全然屈服於吾人權力之下。彼弱我強，我固當憐之。且濫用權力乃最卑鄙之事。譬如孩提無力，我欺侮之，不亦恥乎？

吾人常屠殺動物，此亦爲吾人素日應善視動物之一理由。有多種動物爲吾人日常之食物者，有多種動物因其不潔或有害爲吾人所殲滅者。由此種事實觀之，吾人應憐之，應不與以例外之痛苦也。

至於家畜，固有益於人者。吾人自當存感激之心而善待之也。

某人之馬曾爲其効勞致彼於富厚。如其非自私之人必將善視此馬焉。然此馬常不得飽食。此或爲彼不得已之事。但彼又不令其休息，常使負重，常使跋足遠行。此亦爲彼不得已之事乎？

有心非不善，而於無意之間變爲殘忍者。彼等常不顧其馬之冷否。常用太短之繮以羈勒之。常使遠行或負重登山而不鬆其繮。此皆殘忍之事也。

試想，主人雖虐，而其犬仍愛之；然彼殘忍之主猶不知悛改，不亦太殘忍乎？

然則，吾人應善視動物之主要理由其爲不欲致動物痛苦乎。彼故意加痛苦於動物而反自以爲有趣者極殘忍之人也。此等人宜使其自己受極苦之刑。

欲培養對於動物之同情心不可不研究動物。研究動物之人即關心動物，因彼發見動物有如許之知識，如許之善意，如許之熱心常能令人愛之勝於愛己也。即最凶猛之動物對其幼子亦有熱烈之愛情焉。

吾人不祗應自己善視動物而已，且須不令人虐待之也。如見頑童殺害不幸之禽獸或莽漢虐待其牲畜時，能出而干涉之，始高尙之行爲也。

如男女多肯作此高尙之事，而世間痛苦必減少許多。

第三十九章　僚友

吾等已知有許多之事可作者，有許多之事不可作者。以下數章須研究於正當之行爲上有補益及有妨碍之事。

最緊要者可謂無過於僚友。少年人爲非作歹輒因其友伴不良之故。如友伴良善，其行爲或覺不如是矣。

所以然者，因人爲模仿性之動物；人之行爲輒隨四圍之人之行爲爲轉移也。此種模仿性於世界進步有莫大關係焉。如兒童祇可學得直接教授於彼者，其所學得者必甚少。彼之教育大部由於目覩他人之行爲及自己之仿效而成；此種教育由生至死，可謂無時或斷。

此所以野蠻民族常模仿文明民族而獲進化也。

試一思之，即知此種模仿傾向乃一極自然之性。玆略述數事以說明之。

人有行其所欲行，言其所欲言之傾向。如兒童欲毆人，即是彼有毆人之傾向，然而時有不果者因同時又思及他事也，彼或思及父兄及師長之譴責，或想起對方之反抗，亦或以無故毆人爲卑鄙之事。

如彼果毆之，即係彼未想及其他之事，彼意中祇有此毆人之一念也。

無論何時，如人有欲言欲行之時，自然彼即想起他人所言所行類似之事，於是其爲隨即因之而決。

沒有幼童，彼之友伴遇有忿怒或不適意之時均善出穢污之語，而彼遇有忿怒或不適意之時亦必將脫口而出穢污之語也。當其初與彼等爲伍聞此穢污之語時，必以爲粗野無禮，但朝熏夕染，不久則習以爲常而不覺其穢污矣。

不惟此也，諸種行爲無不如是。

催眠術爲人所共知者。催眠術可使人之言動，甚而至於見聞及思想完全受催眠者之提示。如催眠者曰室中有牛，而被催眠者即可見其牛或且努力代爲驅之也。據云因此犯罪者不少。

由此足見此種勢力之大矣。提示之力量所以能如此其大者，因彼催眠者之心空無他物，祇知此提示耳。吾人友伴之言行於吾人亦有類是之勢力。惟吾人心中尙有他物活動，而彼之言行未得獨佔其心，其勢力較爲薄弱耳。但幼年之誤入歧途者實輒因其友伴之提示有時獨佔其心之故也。

良善之習慣得助於良善之友伴，亦猶不良善之習慣於不良善之友伴而成也。

友伴影響於吾人者旣如此之大，吾人當知擇交爲何等重要之事矣。猶有須注意者，則友伴於我有如是之勢力而我於友伴亦有相等之勢力也。吾等應時以不能化人爲善爲懼。令人敗德爲世界上罪大惡極之事。

第四十章 讀書

有種友伴較他種友伴均爲有益者，此非他，書籍之友伴是也。如欲與所最敬服之人晤談，恐不克時時能如願以償。然欲讀有價値之書籍，幾可謂人人有此機會也。

書籍不祇爲最有益之友伴，亦可爲最有害之友伴。有優於友伴之書，亦有劣於友伴之書，劣於友伴之書其敗壞人品之力量遠過於友伴，因彼能於極幽密之處，極安靜之時訪汝以施其引誘之伎倆也。

勿憚讀有思想之書籍。缺之體軀之練習，則筋肉將弛而無力。缺乏腦筋之練習則腦筋亦將弛而無力也。

然讀書過度，則反而有害，是不可不知也。遇有未曾讀過之書，則朝夕讀之。既覺是卷，又展彼册。如此讀法，鮮有能獲益者。因彼所讀者祇是經過其腦，而不能留顯明之印像於其腦也。彼之心僅知搜求新書而不知尋味於已讀者，是則彼逐日求之，逐日失之而已。安能有所得哉？

有幼女自誇曰，『我能縫紉。』但當其作是語之時，彼將其所縫紉者又盡抽其線而拆之。吾等能不笑其愚乎？且讀且忘者亦猶是也。

俗語云，『勿輕視此手握一卷之人。』此意即謂彼詳讀一有價值之書者必能盡得其奧妙，盡得其著者之思想及其文筆也。彼且讀且忘者安能如是？所以詳讀蒲如特傳（Plutarch,s Lives）者多成爲英雄，亦職是之故耳。

讀書不僅影響於腦筋，於人之性情習慣莫不大有關係焉。

幼年人讀卑污之書因而染有污點者有之，因而終身墜落者亦有之。亦有因讀書而觸動其高尚之性情隨開始爲高尚之生活者。

審美力似無大關係者，實則不然。如有賞鑑至美至善之能力，極爲有價值之能力也，於美術陳列館中祇能賞鑑次等之圖畫而不能賞鑑其高尚者，不亦可憐乎？世上無數有價值之書，而自己獨能感覺其劣者爲有趣，不亦可惜乎？

劣書之所以害人者，卑汚之嗜好使然。初讀卑汚之書時，必曰我暫時讀之何害？俟爲時既久，恐非此類之書則不足饜其慾，而愛讀好書之趣味或竟至全然消滅焉。

公共圖書館如此其多，書籍如是之賤，汚穢之書固觸目皆是而至美至善之書亦比比皆然。試思因讀好書而使其生活高尙者不亦樂乎？因讀劣書而使其生活卑鄙者不亦恥乎？諸生幸勿自棄也。

務讀有價值之書。此類書中有科學，能爲汝等講解此奇異之世界；有大人物，能爲汝等講解爲人之道；有過去一切之歷史，能爲汝等講解過去之一切。總之，好書固不可以數計。如汝等故選其劣者而讀之，可謂自暴自棄，其愚誠不可及矣。

第四十一章　理想力

人心無休息之時。

吾等常見依門靜坐，或偃息樹下之兒童。彼似無所事事者。實則，彼亦所事。彼正默想也。

彼非想於彼自身有重大關係之事。彼所想者時而清晰，時而曖昧。祇可謂之冥想而已。

彼或追憶昨日之所爲，或計畫明日之玩法，亦或靜觀目前發生之事物。如突然問彼所思者爲何，彼或竟不知何以爲答，因彼之思想固無異於夢境也。彼之意識雖屬散漫而彼之思想却未嘗稍有停止活動之時。

所以，人當工作之時，所握者或斧或鋤，或針或箒，其思想固無時或息也。時而思念其工作，時而想像其他，其心絕無完全停止活動之時。

如一想及世界上人人之思想不論夢醒常在活動，不亦奇事乎？

當然研究人心之所事爲一極重要之事，因影響於吾人之生活者無過於無時不活動之思想也。

人常有自言自語之時。此乃一愚蠢之習慣，因自語者常有泄漏秘密之虞，但此無時或息之思想固無異自言自語也。

然則，吾人之本身自有一友伴也，且較諸朋友友伴及書籍友伴尤爲親切焉。常與吾人談話之自身友伴須高明，純潔，正直。此乃極重要之事。如不良之友伴能害人，而不良之自身友伴其爲害於人也必勝於其他不良之友伴。

於此自言自語之內最要者即爲心神所涉及之事。

即此觀之，心中之冥想一有活動即爲連續之畫片實現於吾人之腦海；或者吾人流覽此種冥想之畫片較流覽他種思想之畫片爲多。此類之畫片大半爲殘缺不完全者，但亦足表示其意義，足使吾心注意焉。

此種像片乃爲吾人所已見者，所已讀者，所想像者，及盼望中之能作能見者或不能作不能見而願其爲能作能見者。

關於此種畫片有須注意者。汝關心某片，則某片即漸較他片爲清楚。猶如美術館之畫片，館主所愛之畫，必時常整理之，勢必日益鮮艷。彼所不愛者或竟至塵垢蒙面而不顧。

參觀若是之美術館，吾人應注意館主之嗜好果係如何。如能將人心中之美術館一觀，其人之嗜好如何必能一目了然纖細無遺。

不祇能知其現在爲何如人，且可知其將來爲何如人，因其心中之美術館常有表示將來之畫片也，某畫片漸爲清楚，漸爲生動，即係表示彼將來之爲人者。

引誘藉此想像之畫片，最易獲得勢力。

人時有因衝動而犯過者；實則，其想像中或正在此準備此種行爲之畫片也。

例如，一幼年人欲偸他人之金錢，起初彼，並無此種行爲之決心；僅冥冥中有此一幻想耳。彼想如獲有此筆金錢，非可喜之事乎？彼隨玩味獲有此筆金錢以後之生活。玩味此種想像之後，而此種想像之斷片必漸爲清晰，且必時時呈現於其腦海之中。於是用何方法可盜此錢？此種幻想即隨之而至，何者可免人之發見，如此乎，如彼乎？俟此種想像之斷片日益清晰後，而其提示力亦即隨之而增大——吾等已知提示何以影響於人生。而此種提示即漸漸逼之使不得不作此盜竊之事。經此種種不道德之幻想後，而此種盜竊行爲即已失其阻力，即似爲當然之事也者。

此種罪惡之發生也如是，而他種罪惡之所以發生者亦莫不然。腦中之想像即將來之事實，可謂絲毫不爽者。

當罪惡之想像未成事實以前，彼即敗壞此心矣。不知足，嫉妬，忿怒，污穢，統由此想像養育之。及其終也，此心即聽命於彼等矣。

旣罪惡之想像有如許之力量，而良善之想像亦當然有相等之力量也。和善及寬大之斷片亦可令人爲和善寬大無疑。

健全之想像力亦幸福之源。用心讀書，留心世道，吾人自可於心中儲蓄能令吾人將來得到滿足之畫片。

吾人應令其想像力能重想吾人之所見。大多數之人祇能記其大概而已。善畫有助於斯。善畫者可謂既能觀察又能重想之人。如見美麗之物，即依自己之記憶試一畫之，殊爲有益。如有志於此，最宜時常閉目試以想像所見之物，然後舉目再察自己之想像是否與此物相合，如此，即可增進想像力，使腦中之美術館增色也。

教育兒童，宜常使觀察美麗之圖畫以培養其想像力。

猶有不得於已言者，即想像於無意間所生之惡果也。想像過多有害衛生。幻想之習慣常呈病態，大有害於精神。

第四十二章　勤勉

勤勉謂之爲義務亦無不可。然余願視之爲他種義務之助，而特爲之一講也。最有益於正當之生活者無過於勤勉，最有助於不正當之生活者亦幾無過於怠惰。

一言怠惰，須知除睡眠外無人能眞正怠惰也，恐即於睡眠之時鮮有能眞正怠惰者。人不忙於此，即忙於彼。如其手足怠惰，其腦筋必忙，其腦不忙於讀書，或其他有益之事，亦必忙於幻想。即偃臥於陽光或樹蔭下之乞丐亦有所思亦有所憶也。

勤勉爲有規則且欲達一定目的之活動。再嚴格言之，即故意爲他人或爲自己所作之有益之活動，所己勤勉乃爲己爲人造福之活動也。

吾人常以照例之工作爲苦。因厭煩工作，渴望休息之故，吾人常以最悅人之生活必爲不操作之生活。

但試一思之，即知吾人照例之職業大半爲人生之幸福也。

照例之勤勉有益於自制力。其所以有益於此者其道不一。

一則，勤勉所以有益於自制力者，因其能使生活規則也。身心既受此照例之練習則易于節制，猶如有訓練之兵士易於節制也。

吾人有相當之活動時較之無絲毫之活動時易於節制。不見船乎？彼必須每時航行數里，不然其舵即失其效力。彼即因風力，汽力，水流，或其他之勢力而漫爲漂蕩。吾人於怠惰之時即如此漂蕩之船也。是時之心僅依幻想或衝動而漫爲活動，安得再言自制哉？

吾人於此漂蕩中易受引誘也。忙於工作之時，心有所專。此種專心即有抵防一切引誘之勢力，即讓此引誘乘機而入，而此心因有所託，仍可如一進行順利之船依程而進不爲所擾。在怠惰之時則不然，此心響應一切之引誘或衝動。所以怠惰爲正直，純潔，及熱誠之大敵。

如曰勤勉有助於滿足心，似屬不經之談。實則，非不經也。未見旣不道德又不幸福之人多爲怠惰之輩乎？蓋生命之活動無時或息。不有善之活動，即有惡之活動。如人無照例之職業，則其心對於不滿心及嫉妬心將永爲開放者。然則怠惰之人終日嫉妬之不暇，安可復望其滿足哉？

勞勤乃幸福之源。有工作而休息始覺甜美。如無工作而終日休息，息則休息將爲索然無味之怠惰焉，尚何甜美之有？

於閒暇時而知尋求工作者確係善謀幸福之人。不幸，大多數之人不知此理也。使用閒暇較使用金錢爲難。幼年人應培養讀書之習慣，或好善之習慣；如是，俟老年退休之時則有以消磨其閒暇而不至太感枯寂矣。

吾人須有用於世，而勸勉有助於斯焉。懶惰之人亦可使之有用於世 斯巴達人常以醉漢遊街以表示醉酒之醜，使幼年人知所警戒。此醉漢即可謂有用於世矣；惟非彼自使有用耳。所以人人應發奮自使爲有用之人。

總觀以上所述，可知工作乃可喜之事，而勸勉之習慣乃大有助於道德，幸福，及有用也。

第四十三章　習慣

於僚友一章，曾詳述人之模仿性；吾人已知此性可以有害，可以有益．質而言之，世界文明之發展大有賴於此性也。

最要者，人皆有模仿自己之傾向，一次爲之，其所用之方法如是，再次爲之，其所用之方法輒仍如是。如此反復使用此方法，而此方法即將成爲不易之習慣矣。于是，如彼不故意努力，則彼作事之時必不克用不同之方法也。結果，勢必至於不能改。

研究對於細事之細微習慣殊屬有趣。由此，極易認識習慣之實在勢力也。

對於細事如穿衣戴帽等事，可試一觀此習慣之勢力。吾人穿衣時所先舉之臂幾乎均有一定。有先穿左袖者，有先穿右袖者。如問，『君穿衣時以何臂爲先？』可謂無人能知之者，但彼一舉衣，則素日先穿之臂即自行動作焉，如欲其不然，非十分注意不可。

試再以書法觀之。書法與手之構造有關，與心之意向有關，但與彼最有關係者厥爲習慣，習慣不易改，故書法最難僞造也。再想，右手作字何其易？左手作字何其難？誰使如是？非習慣乎？然而，如右手中途殘廢，努力以左手作長時間之練習，而左手亦可作字一如右手。

試再觀察吾人手工上所得之技能：技能成熟之人一面工作，一面暢談，而其所作之工較之無此技能之人專心致志之所作者猶佳。畫家之手指可自爲注意，老婦針織時仍可讀書。訓練之結果成爲習慣，即有如是之力量。人言善泅者不縛其四肢絕無滅頂之禍，良有以也，因有與本能相等之習慣，體軀即可自行操作，固有不待於思想者。

吾人對於此固定之習慣應有相當之注意。如以上所說之人，彼等之生活可謂之二重生活。一面針織，一面讀書；一面繪畫，一面縱談。非二重之生活而何？

此固定之習慣猶有他益焉。即是彼能使吾人之生活得到實在之進步，使吾人之所已得者保險屬於吾人。

吾人如遇事即須重新開始，何其苦也！新兵初次赴陣之時，何等畏縮，何等顛逃！嘗聞新兵有派赴前線與老兵合作之必要，因老練兵士之鎮定可使彼等不逃也，老兵有聽命之習慣，且以聽命爲自然之事。

不見慣於弄錢之人乎？彼之錢隨意轉弄於左右手，而毫無墜地之虞。由此種情形觀之，習慣較之未成習慣之主義可靠之多矣。未曾飽受訓練之主義或有時爲引誘所乘，而習慣永足抵抗之也。

此種事實無處不然。吾人可培養忠實，勤勉，和善，留心，謙恭及一切所願有之習慣，先賢亞利斯多特（Aristotle）固以道德爲正當行爲之習慣也。

試觀吾耩諸習慣而對於生活所有之權力。吾人喜好不同，因而所養成之生活亦各異。蓋習慣形成生活之方式，猶如藝術家形成石膏之方式也。

凡事均有兩面。卑劣之習慣亦製造卑劣之生活。余且以其製造尤爲容易，因道德之養成須有相當之修養，而過失無須預備焉。漂蕩之生活時有犯過之虞；但求高尙之生活，須有把握而力向其的，絕不可稍涉漂蕩始可有成。

試思不良之習慣究有多少—怠慢之習慣，忿怒之習慣，駡人之習慣，自私之習慣，及其他更劣之習慣。余前已提及飲酒之習慣，此習慣於不知不覺之中即可養成；俟其覺之，則悔已晚矣。

不良之習慣最可畏也。吾人常曰，『逢場作戲，何害之有？』或曰，『偶一爲之，有何不可？』不知同時即有一定之習慣正在發展也。所以，嗜好，娛樂，選書，及內心之秘密越向永爲正在凝固之時，而吾人亦永遠正在變爲吾人所欲爲之人。

藝術家爲造其美麗之偶像而注意其手下之石膏；吾人欲爲君子，能不注意自己之習慣乎？

第四十四章 引誘

余意，最能蒙蔽人者無過於引誘。不知讀者對於引誘之觀念爲何。

吾人常以引誘爲污穢可怖之物。有時以其來往空中形似蝙蝠，猶如巡狩傳（Pilgrim's Progress）上所繪之阿泡林（Apollyon）。或者，此等宣講者及勸善者有所爲而爲此。因彼等繪引誘爲可怖之物，於是吾人隨以引誘爲可怖，爲危險一如其形狀然。

然而，因吾人對於引誘之觀念既已如此，所以當引誘實際臨頭之際：人隨不識其爲引誘矣。皆曰，『汝面貌悅人，必無禍心。』於是即聽其指使而不疑焉。

第一，須確知引誘永爲極似可喜之事物，至少亦爲人所羨慕者。此理易明，如一研究何者爲引誘，即了然於心矣。引誘之爲物當然即爲善能引誘人之事物。必善於吸引人也，必極似可爲之事也。如不悅人，安得引人？安得謂之引誘？世上絕無被不悅人之事物所引誘者。

第二，須牢記引誘永似爲合理之事。凡引誘人之事非祇似可喜，且多少有似合理之處。

悅人之力量較合理之力量爲大。悅人之事常有能引人爲之而不計其是非者，且能令人即知其爲非，亦甘冒大不韙而爲之者。然此乃特殊情形；平常之引誘多係旣似可喜又似合理者。

吾人任何情感幾無不自以爲合理者，而引誘又何能例外？無理發怒者自不以自已之怒爲無理，必曰，『世上仍有寃枉如我者乎？彼眞自私，眞卑鄙，誠小人也。在他人，必不見諒，必要發怒。但我不以爲意，並不動氣也。』當彼作是語之時，暴哮如雷，猶言不動氣，不發怒，我想，少待氣平，彼能無愧恥乎？汝等幸勿如此。

當兒童不服從父母之時，必自以爲有理，自以爲可爲。彼想父母或不注意於此；或想此乃細事，爲之何害；或想自已較父母爲聰明；亦或想自己獨行乃丈夫之事。由此可知，有諸多之事爲彼所未想見者。彼未想及父母之恩德，未想及父母之知識經驗較彼爲豐富，未想及對於父母有服從之義務。

幼年人時有竊用其僱主之金錢者。吾等已知此等盜竊行爲乃想像誘之而然。現在可以研究此種引誘似爲何等可行之事。

如是被引誘之少年以爲其僱主將無由能知其錢之被竊；以爲其僱主即缺此錢，於彼生活上固無影響，但於彼之自身却有大用；且此錢之爲數甚少，彼即竊之亦無大罪。最要者，而彼又以此爲債。彼意祇暫時用之，不久即可秘密歸還，何害之有。於是彼即實行竊取之事；但不久，彼將復作如是之『借貸』也。彼所持之理由一如從前；惟彼之債台較昔爲高耳。因此，彼自思曰，此次如不多竊何以償上次之債乎。於是彼竊取之數遂次加多；否則即不可支持矣。至此，彼即不求自解，而彼竊取之事亦不可復謂之爲引誘，祇可謂之爲必須之事。是時，彼始自以爲不可回頭，始承認彼之爲賊；實則，彼早已爲賊矣。

似此之例不可枚舉，因引誘有吸人之力，均似可行。

引誘有如此之假面具以遮其醜態及其罪惡，此爲吾人應銘心不忘者。如此，吾人或即不至爲其可喜之假面具所蒙蔽，或不至以似是爲是，以似合理爲合理矣。

引誘不惟有助力且有阻力。如有引誘不期而來，吾人對彼所生之抵抗力可以增固吾人之道德心，猶如身體之抵抗困難可以健強身體者然。昔蠻族[illegible]：因爲三偉島（Sandwich）上之人以其所殺之敵人之勇氣及力量入於其身，所以吾人亦可獲得吾人所抵抗之引誘之力量。（一）

然而，猶有須注意者。當人不抵抗引誘之時，即是彼已準備聽命於引誘矣。

（一）"Compensation," in the first series of Essays。

第四十五章　良心

良心之爲物常勸人爲善，戒人爲惡。如人不之聽，彼即使人感覺不安；如已違之而行，則彼又常指示其過惡而譴責之。

所以，吾人以良心爲人生之指導者。吾等可以蘇格拉地（Socrates）個人之神託與良心一比較之。以船上定向之指南針作比亦未爲不可。

吾人一生最要之事無過於關心，而且服從之；不服從良心之人爲自殺之人也。

然而，人所最不顧慮者亦幾爲良心乎。鄕人有時被良心警告，亦多不以爲念。

試看水手對於羅盤何其注意也。羅盤不指正南正北；彼所指之方向因地而少異，因彼四圍之物於彼亦有多少影響之故。船上之鐵可以感動之，且最能使之犯常。如不知此類事由，羅盤或竟可引船於危險之境。但水手無時不以此爲念，針之變動自可知之。且常另備一羅盤，遠置諸桅頂以避船身之鐵，而望其循守彼自己之法則。

良心猶羅盤也，有變動焉，彼非永遠直指正道者。有時於甄別是非之時，彼竟不能作任何之指示。

對於此種變動，吾人當然有注意之必要，玆試說明之。

當吾人最須良心指導之時，彼常十分默然。

吾人多半之過失乃由於不注意。在思想完全停止之時，良心亦不活動；然吾人最需用良心之時則此時也，例如，有一船長，彼之船發生問題，須彼料理之。彼入倉進膳，與旅客暢談，竟忘其船以至誤事。

諸多劣等之習慣由此等疎忽而成，彼等乘思想靜止之時而來；因此時良心亦不活動也。

殘暴之行爲常乘思想靜止之時而生，不思而言，不思而行之時，良心無提出抗議之機會。

因不注意，所犯之過失多矣，兒童無心作惡，而惡已作，如其故意作惡，則良心轉提出抗議矣，但當全然無心之時而良心何能活動乎？

然則，吾人須知吾人一生良心睡眠之時殊多也。

既知良心有不能依恃之時，即宜牢記勿忘，水手知羅盤有變動，而時時抵防，吾等知良心有時不動，亦應有所準備也，防患未然，始稱妥善。

吾人有最奇異之天性焉，即於無心之時能自爲管束之性也。

例如，有兒童動身上學，彼擬路上玩耍，故起身甚早，彼既有充足之時間，隨停步中途而自行玩樂，凡此皆不足謂非也，惟彼祇顧玩樂而忘却上課，或竟不到校，始可謂之過錯，似此之過錯將何以預防乎？

此種過錯由上學之心未發之熱誠決心於某時到校，此種決心自可於戲耍之時令其上學也。

既知吾人於不注意之時輒爲所不當爲，或疏忽所當爲者而不爲，吾人即有於事前對於自己預下命令之必要，如此命令殊屬懇切，殊屬嚴重，即於睡眠狀態中亦必服從之。

當人爲非之時，良心常無警告，因人常自覺所爲不爲無理之故也。由引誘一章，吾人已知種種情感無不自以爲爲合理者。況悅人之引誘更足使良心靜默乎？

於此情形之下，良心亦有助我之處。事後，彼常以疏忽責我。吾人始可感覺疏忽之不當，或竟覺其爲罪惡。此事後之覺悟即良心教訓吾人之最要方法也。如無良心之譴責，吾人將永不能自視其過矣，尙望改乎？

譬如有出言傷人者。旣知自己失言，彼必自責其疏忽，自責其暴躁。此種自責卽良心之聲。此人可謂已得良心之教訓矣，因彼已知其過錯無論出於有心或出於無意均爲不正當之行爲也。將來彼或因此教訓而竟能約束其刻薄之口。

良心不克應時而至者猶有說焉。吾人如不注意良心事後之譴責，良心卽將默而不語。於此情形之下，可以精美之器具比之。譬如有一幼童，有美麗之小刀一柄。彼甚愛之，隨應用於各物。或削木爲片，或刮銅爲屑。結果，刀刃漸鈍，終至於不可劃木，人若不注意良心之時，卽無異於硬木，而良心時攻之而不入，必將爲之鈍。吾等仍可以吸鐵石比之。吸鐵石不用，卽漸失其力。而良心不用，亦可失其效力也。

良心亦有時因吾人友伴之勢力而失其效用。吾等已知友伴之影響於吾人者甚大。近朱者赤，近墨者黑。吾人常模仿友伴之不暇，安能復顧其他？於是，良心卽被然無聲矣。

或有人自思之曰，『如得免却良心之煩擾，亦可謂爲悅人之事。』不知仍有二事，乃爲吾人絕不可忘者。

一則，良心雖有一時之睡眠，但仍可醒覺焉。吾人雖可以避免其領導，但决不能永遠避免其事後之譴責也。二則，如人盡喪其良心，即不得爲人矣。

然而，我固知無人肯盡喪其良心也。我固知大多數之人將守衛其良心，服從其良心，一如水手愛護其羅盤，服從其羅盤然。我固知人皆希望獲得眞正有意識之生活也。

第四十六章　結論

此編僅爲研究倫理學之初步。此編既終，吾等應將倫理學上之主要事件略一述之。

倫理學有研究道德與宗教之關係者，即研究宗教何以有助於道德及何以影響於道德。此乃極有價值之研究。

道德哲學亦須研究，倫理學之根本原則爲何，倫理學之基礎爲何，倫理學於吾人之世界觀有何關係。

尙有理倫學史。該史由二部而成。一即關於道德各種理論之歷史，一即道德本身之歷史，即陳述各種人於道德生活上所經過之階級，及各種道德歷史上之起源及發展。

又有應用倫理學。亦可分爲二部。一即如此編，研究個人之眞正生活爲何。一即研究應用倫理學之原則於世界，並期闡明仁愛及尋求改良之至善方法。最後，研究倫理學之精神不可不知也。世界上，因窮困及犯罪二事，有無量痛苦；今日世界上最急要之務即爲仁人君子應思一至善之方法以免除斯二者。余望凡讀是書者均致力於倫理學之研究，均致力於世界上之改良。

初級倫理學（終）